建筑学专业教育·建筑师职业实践

文献汇编

中国建筑学会◎主编

JIANZHUXUE
ZHUANYE JIAOYU
.JIANZHUSHI ZHIYE SHIJIAN
XIAN HUIBIAN

中国建筑工业出版社

图书在版编目(CIP)数据

建筑学专业教育·建筑师职业实践文献汇编/中国建筑学会主编. —北京：中国建筑工业出版社，2017.6

ISBN 978-7-112-20699-5

Ⅰ.①建… Ⅱ.①中… Ⅲ.①建筑学-教育-文集
Ⅳ.①TU-4

中国版本图书馆CIP数据核字(2017)第088197号

本书汇集了国内、国际行业最高专家机构或组织编制的建筑学专业教育标准、专业质量评估（认证）标准、职业实践标准，以及专业学位的国际互认、全球建筑教育宪章等资料，汇编成册是为方便教师、学生、建筑师更清楚、更全面地了解业界对建筑师的培养与成长的要求。

责任编辑：高延伟　陈　桦
责任校对：王　烨　张　颖

建筑学专业教育·建筑师职业实践文献汇编
中国建筑学会　主编
*
中国建筑工业出版社出版、发行(北京海淀三里河路9号)
各地新华书店、建筑书店经销
北京红光制版公司制版
北京同文印刷有限责任公司印刷
*
开本：787×1092毫米　1/16　印张：9½　字数：231千字
2017年7月第一版　2017年7月第一次印刷
定价：**36.00**元
ISBN 978-7-112-20699-5
(30352)

前　言

培养一名合格的建筑师，需要经过高等学校规范的、系统的建筑学专业教育以及建筑设计院扎实的、全面的职业实践。建筑师不仅要具备相当的专业知识与技能，更要具备良好的职业道德与责任担当意识。

目前，全国高等学校建筑学专业每年本科毕业生约 1.7 万人，在校本科生近 9 万人，行业内注册（一级、二级）建筑师约 5.5 万人。随着国家城乡建设的深入发展，对建筑人才的培养和需求，不仅在量上，更在质上提出了更高的要求。

本汇编汇集了国内、国际行业最高专家机构或组织编制的建筑学专业教育标准、专业质量评估（认证）标准、职业实践标准以及建筑学专业学位的要求与国际互认资料、全球建筑教育宪章等资料。本书在各篇目前都加了编者按，旨在帮助读者了解在未来建筑师的培养、成长过程中，教师应该教什么、学生应该学什么、年轻建筑师应该做什么，以此明确目标，拓展思路，获得启发和借鉴。

本汇编得到了住房城乡建设部人事司的大力支持与指导，得到了国际建筑师协会建筑职业实践委员会联席主席庄惟敏先生的大力支持与悉心帮助，得到了中国建筑工业出版社的大力支持，在此表示衷心的感谢！参加本书汇编工作的人员有：修龙、赵琦、庄惟敏、张百平、何志方、王晓京、高延伟、陈玲、陈桦。

随着社会的发展，技术的进步，建筑师培养的标准和要求也在不断发生变化，我们将不定期予以整理修订，大家在使用中如有好的建议望及时提出。

中国建筑学会

2017 年 2 月 16 日

目　　录

建筑学专业教育

《高等学校建筑学本科指导性专业规范》(2013 年版)

编者按：本《专业规范》是根据教育部高教司、住房城乡建设部人事司的要求，由全国高等学校建筑学学科专业指导委员会于 2013 年编写完成。《专业规范》明确了建筑学专业的培养目标、培养规格、教学内容、课程体系及办学基本条件。《专业规范》的编写原则：一是拓宽专业口径，即按照建筑类学科群的共同专业基础知识要求构建核心知识；二是规范基本内容，即以所提核心知识和实践技能的内容和总学时数为基本要求，并为各学校留有足够的学时空间，鼓励学校结合实际办出特色；三是控制最低标准，即提出了开办专业的最低门槛，以保证基本办学条件和培养质量。《专业规范》中的教学内容由“知识领域”、“知识单元”和“知识点”三个层次说明知识结构和基本内容，用“了解”、“熟悉”、“掌握”表达对知识点依次递进的学习要求。这些教学内容的课程组合及安排可由学校自行确定，但各学校构建的课程体系应覆盖《专业规范》规定的知识单元和知识点（技能点），保证基本专业标准，选修课可体现学校专业办学特色。

一、学科基础

1. 主干学科

建筑学（Architecture）专业属于《普通高校本科专业目录（2012 年）》中工学门类（代码 08）、建筑类（代码 0828）、建筑学专业（代码 082801），与城乡规划（代码 082802）、风景园林（代码 082803）、历史建筑保护工程（特设专业，代码 082804T）并列。在《学位授予和人才培养学科目录（2011 年）》中对应的研究生授予学位是工学“建筑学”一级学科（代码 0813）和建筑学硕士专业学位（代码 0851）。

在“建筑学一级学科设置说明”中，建筑学的主要研究方向有“建筑设计及其理论”、“建筑历史与理论及历史建筑保护”、“建筑技术科学”、“城市设计及其理论”、“室内设计及其理论”等。

（1）建筑学专业的内涵

建筑学，从广义上来说，是研究建筑及其环境的学科。在通常情况下，它更多地是指与建筑设计及建造相关的技术和艺术的综合。因此，建筑学是一门横跨工程技术和人文艺术的学科。建筑学所涉及的建筑技术和建筑艺术，虽有明确的不同，但相互间又密切联系，其侧重点随具体情况和建筑类型的不同而有所差别。

建筑学涉及相当广泛的社会、文化、技术和经济领域。建筑学与城乡规划学、风景园林学三个一级学科共同构成一个相互依存的学科群。建筑学包括建筑历史与理论、历史建筑保护、建筑设计、城市设计、旧城更新改造、居住区规划设计、建筑物理、建筑构造技术、室内设计和装饰等内容。此外，建筑学还涉及建筑结构、建筑设备、建筑环境设施、建筑防灾减灾、建筑节能等相关技术领域。

随着城镇化进程的加快，产业结构的变化，城市环境问题的日渐突出和生态可持续发展的要求，建筑学在今后相当长的时期面临更大的挑战。建筑技术的进步，结构理论的发展，新材料和新设备的运用，生态与低碳技术的引入，计算机技术进入建筑设计领域所引起的设计方法论的发展，深刻地影响了建筑学的发展，并为建筑学开拓出一个前所未有的广阔天地。

（2）建筑学专业的任务和社会需求

建筑学专业培养的人才，其服务面向城乡建设的各个领域。毕业生可从事建筑、城乡规划、风景园林的设计与规划，以及管理、教育、科研、开发、产业、咨询等方面的工作。根据现行规定，我国建筑学专业的毕业生经过规定的职业实践训练后，可以参加注册建筑师或注册城市规划师等执业资格考试。

2. 相关学科和专业

（1）城乡规划（专业代码 082802）

城乡规划专业是以可持续发展思想为理念，以城乡社会、经济、环境的和谐发展为目标，以城乡物质空间为对象，以城乡土地使用分配为主要手段，通过城乡规划的编制、公共政策的制定、建设实施的管理，实现城乡发展的空间资源合理配置和动态引导控制的多学科的复合型专业。

城乡规划按对象分为国土规划，区域规划，城镇体系规划，城、镇、乡、村规划等。城乡规划内容涵盖城乡物质环境的空间形态、土地使用、道路交通、市政设施、服务设施、住房和社区、生态和环境、遗产保护、地域文化、防灾减灾规划等。

（2）风景园林（专业代码 082803）

风景园林专业是综合运用科学与艺术的手段，研究、规划、设计、管理自然和建成环境的应用型学科，以协调人与自然之间的关系为宗旨，保护和恢复自然环境，营造健康优美的人居环境。

风景园林专业研究的主要内容有：风景园林历史与理论、园林与景观设计、地景规划与生态修复、风景园林遗产保护、风景园林植物应用、风景园林技术科学等。

（3）历史建筑保护工程（特设专业代码 082804T）

历史建筑保护工程专业是综合建筑学的基本知识和理论及建筑历史演变规律，在深入了解历史建筑的形制及工艺特征的基础上，运用建筑学、文博及历史建筑保护技术等各类知识，以建筑设计、规划设计和园林设计为手段，完成对历史建筑的保护与再生，使之成为人类社会可持续发展的重要组成部分。

历史建筑保护工程专业研究的内容有：历史建筑保护工程的基本理论、历史建筑形制与工艺、建筑设计、规划设计和园林设计、建筑历史、建筑技术、保护技术、城市史、艺术史、文博等。

(4) 土木工程（专业代码为081001）

土木工程是建筑、岩土、地下建筑、桥梁、隧道、道路、铁路、矿山建筑、港口等工程的统称，其内涵为用各种建筑材料修建上述工程时的生产活动和相关的工程技术，包括勘测、设计、施工、维修、管理等。

土木工程的主要工程对象为建筑工程、道路与桥梁工程、地下建筑与隧道工程、铁道工程等。主干学科为结构工程学、岩土工程学、流体力学等；重要基础支撑学科有数学、物理学、化学、理学、材料科学、计算机科学与技术等。

二、培养目标

建筑学专业培养适应国家经济发展和城乡建设需要，具有扎实的建筑学专业知识和设计实践能力，具有创造性思维、开放的视野、社会责任感和团队精神，具有可持续发展和文化传承理念，主要在建筑设计单位、教育和科研机构、管理部门等，从事建筑设计、教学与研究、开发与管理等工作的高级专门人才。

三、培养规格

建筑学专业学制为五年[1]或四年，毕业生应具有以下方面的素质、知识和能力。

1. 素质要求

(1) 思想素质

坚持正确的政治方向，遵纪守法，愿为人民幸福和国家富强服务；有科学的世界观和积极的人生观，诚实正直，具有良好的团队合作精神；关注人类生存环境，具有良好的生态和环境保护意识。

(2) 文化素质

具备较丰富的人文学科知识和良好的艺术修养，熟悉中外优秀文化，具有国际视野和与时俱进的现代意识。

(3) 专业素质

具备基本的科学思维，掌握一定的设计与研究方法，有求实创新的意识和精神，在专业领域具有较好的综合素养。

(4) 身心素质

具备良好的人际交往能力和心理素质，具有健康的体魄和良好的生活习惯。

---

[1] 五年制建筑学专业可申请参加专业教育评估，通过后可授予建筑学学士学位。

2. 知识要求

（1）工具性知识

基本掌握一门外国语，掌握基本的计算机及信息技术应用，掌握基本的文献检索方法，掌握本学科相关的基本方法论；熟悉一般的科技研究方法，熟悉科技写作。

（2）人文社会科学知识

了解哲学、经济学、法律、社会发展史等方面必要的知识；了解社会发展规律和时代发展趋势；了解文学、艺术、伦理、历史、社会学及公共关系学、心理学等若干方面的知识。

（3）自然科学知识

熟悉相应的高等数学基本原理；了解物理学、力学、材料学、测量学、生态学、信息工程学、环境科学等学科的基本知识；了解现代科技发展的主要趋势和应用前景。

（4）专业知识

掌握建筑设计的基本原理和知识，掌握建筑设计的基本技能和方法，掌握城市设计、室内设计的基本方法；掌握与本学科相关的设计表达方法；掌握建筑构造、建筑力学、建筑结构的基本知识。

熟悉建筑艺术表现的基本技能；熟悉中外建筑历史与理论；熟悉建筑材料、建筑物理（声、光、热）、建筑设备（水、暖、电）、建筑数字技术的基本知识；熟悉建筑经济的基本知识；熟悉与建筑设计和城乡规划相关的法规、方针和政策。

了解土木工程、环境工程、市政工程、经济学、管理学等方面的基本知识；了解城乡规划、风景园林等相关专业的基本原理及知识；了解建筑管理与施工的基本知识；了解可持续发展的基本知识。

3. 能力要求

（1）获取知识的能力

具有获得信息、拓展知识领域、自主学习并不断提升的能力。

（2）应用知识的能力

具有根据相关知识和要求，进行调查研究、提出问题、分析问题、解决问题并完成设计方案的能力。

（3）创新的能力

具有开放的视野、批判的意识、敏锐的思维及相应的创新设计能力。

（4）表达和协调的能力

具有图形、文字、口头等表达设计的综合能力；具有一定的与工程项目相关的组织、协调、合作和沟通的能力。

四、教学内容

建筑学专业教学内容由专业知识体系、专业实践体系和创新能力培养等三方面构成；具体的教学方式为课堂教学、实践训练、能力培养。

1. 知识体系

（1）建筑学专业的知识体系

建筑学专业的知识由以下四个体系组成（参见附件 1 的表 1-1）：

①工具性知识；

②人文社会科学知识；

③自然科学知识；

④专业知识。

（2）专业知识体系中的知识领域

建筑学的“专业知识”体系由以下六个知识领域组成（参见附件 1 的表 1-2）：

①专业基础：进行专业知识和技能学习的前导；

②建筑设计：直接指导建筑学专业的核心，是建筑设计的知识和能力的学习；

③建筑历史与理论：以中外建筑历史与理论为主体的知识，构成建筑学专业的理论平台；

④建筑技术：以建筑结构、建筑物理、环境控制技术、建筑数字技术等知识为主体，构成建筑设计的技术支撑；

⑤建筑师执业基础：与建筑师执业相关的法律、法规、策划、合同、管理、职业道德等的基础知识；

⑥建筑相关学科：与建筑学紧密相关的其他学科知识。

（3）知识领域的核心部分

以上六个知识领域涵盖了建筑学的核心知识范围，构成了高等学校建筑学专业的必修知识。掌握这些领域中的知识及其运用方法，是建筑师分析、思考、设计、规划、管理等方面工作的基础。

本专业规范遵循专业规范内容最小化原则，仅对上述知识领域中的核心知识单元及对应的知识点作出规定；各校在制订教学计划时，除满足核心知识要求外，可以为体现学校专业特色而增加特定内容。

附件 1 中列出了这些核心知识和学习要求，为方便教学还列举了相关核心知识的参考课程及每个知识单元的参考学时。

2. 实践体系

实践教学是建筑学专业教学中的重要环节，是培养学生综合运用知识，接触实际、接触社会，培养动手能力和创新精神的关键环节，其作用是理论教学无法替代的。实践教学体系分各类实验、实习、设计和社会实践以及科研训练等多种领域和形式（见附件 2），包括非独立设置和独立设置的基础、专业基础和专业实践教学环节，每一个实践环节都有相应的知识与技能点要求。

实践体系分实践领域、实践单元、实践技能点三个层次。它们是建筑学专业的核心内容。通过实践教育，培养学生具有实验技能、建筑设计和表达能力、科学研究等基本能力。

附件 2 中列出了每个实践单元的学习目标、所含技能点及其所需的最少实践时间。

实践体系的教学包括以下领域：

（1）实验领域

实验包括专业基础实验和研究性实验两类，本规范仅对专业基础实验提出要求。

专业基础实验包括建筑声学、光学、热工学等。

（2）实习领域

实习包括认识实习、课程实习、生产实习、毕业实习四类。

认识实习是按建筑学专业的相关要求设置的，包括建筑环境认知实习和建筑认识实习等。

课程实习是按相关课程的要求设置的，包括建筑测量实习、历史建筑测绘实习、素描实习、色彩实习、计算机实习、建筑快速设计训练等。

生产实习是按执业训练要求设置的。

毕业实习是按不同专业兴趣和方向设置的。

（3）设计领域

设计包括各年级建筑设计课、建筑结构课的课程设计和毕业设计（论文），其中后两者为实践环节。

毕业设计（论文）选题按综合性、研究型和一定的复杂性要求设置。

3. 创新训练

建筑学专业的整个教学和管理工作应贯彻和实施创新训练，包括：以知识体系为载体，在课堂知识教学中的创新，结合知识单元、知识点，形成创新的教学方式；以实践体系为载体，在实验、实习和设计中体现创新，强调创新方法和创新能力的培养。

开设有关创新与批判思维、能力和方法的相关课程，构建创新训练单元。创新活动形式应多样，以培养学生知识、能力、素质协调发展的能力和创新能力。开设的创新课程可采用授课、讲座、讨论和实践等多种方式进行。

提倡和鼓励学生参加创新活动，如建筑设计竞赛等。

五、课程体系

知识体系、实践体系、创新训练是建筑学专业教育的基本框架，以此构建相应的课程及体系，从而实现教学目标。

建筑学专业课程体系由各院校根据本规范制定，其教学内容应覆盖本规范教学内容的全部知识单元和实践单元。同时，各院校可根据学科前沿和学校特色设置相应课程。

理论型课程可以由一个或多个知识领域构成一门课程，也可以从各知识领域中抽取相关的知识单元组成课程，但最后形成的课程体系应覆盖本规范的全部知识单元。

实践型课程形式可以多样化，但应按照课程来进行组织和管理。实践型课程需满足实践能力培养和创新训练的需要，覆盖本规范实践体系和创新训练的各单元。

各参考课程知识学习的最少学时数或实验的最少学时数（应考虑课堂讲授、课堂讨论、网上学习、课外自学等不同学习方式的差别）见附件 1、附件 2。

本规范在“工具性知识”、“人文社会科学知识”、“自然科学知识”三个体系中列出 15 门参考课程，对应 768 个参考学时（见附件 1 表 1-1）；在“专业知识”体系中列出 23 门参考课程，对应 1800 个参考学时（见附件 1 表 1-2）；在“专业实践”体系中列出 15 个实践单元，对应 20 个参考学时＋41 周（见附件 2 表 2-1），其中实验 20 个参考学时（见附件 2 表 2-1-1），实习 25 周（见附件 2 表 2-1-2），设计 16 周（见附件 2 表 2-1-3）。知识学习和实践训练的学时分布见下表。

知识学习和实践训练学时分布表

项目	工具、人文科学、自然科学知识体系	专业知识体系	自主设置
知识学习 （* 按 3000 学时计）	768 学时	1800 学时	432 学时
	26%	60%	14%
实践训练	41 周		

* 适用于五年制本科，四年制本科参照执行。

六、基本办学条件

1. 教师队伍

（1）鉴于建筑学专业的教学特点，专业教师数与学生数的比例不小于 1∶12；建筑设计课程每位教师指导学生数不多于 15 人；毕业设计（论文）每位教师指导学生数不多于 8 人。专职教师编制数应与招生人数相适应。

（2）承担专业课程的任课教师不少于2人/门。专业教师中有高级技术职称的不少于30%，有研究生学历的不少于70%。由受过专业系统培训的讲师及以上职称的教师或有实际经验的高级建筑（工程）师承担主要专业课的讲授任务。

（3）具有建筑设计、建筑历史、建筑技术、美术及城乡规划、风景园林专业背景的教师，能独立承担80%以上的专业课程，兼职教师人数不得超过本系（院）专任教师人数的20%。

（4）教师队伍形成梯队，能开展相应的科研活动和建筑设计实践，有较为稳定的科研方向并取得一定的科研成果。

（5）公共课、基础课、专业基础课的教师数量能满足教学需要。

2. 教学空间

（1）须具备专用和固定教学场所。其他运动场地、活动场地、实验场地、实习场地等条件必须满足国家有关规定的基本要求。

（2）须按年级或班级配备专用和固定的设计教室。教室中有各小组讨论空间，教室面积不小于3平方米/学生。每位学生有相对固定的设计桌椅，配有照明、插座、网络等设施。

（3）配备满足至少一个年级同时上课的多媒体教室；配备建筑材料和构造实物示教场所。

（4）有满足至少一个年级同时评图（模型）的室内空间。

3. 实验与实践条件

须配备建筑物理实验室、视觉艺术/美术教室、造型实验室/模型制作室，有相对稳定的生产实习基地。

（1）建筑物理实验室

拥有能完成建筑物理课必须开设的声学、光学、热工学等教学实验任务的仪器设备，实验项目开出率80%以上。

（2）视觉艺术/美术教室

满足建筑学专业至少一个年级同时上课的教学需要。

（3）造型实验室/模型制作室

满足安全加工模型材料的要求，配备对基本模型材料进行加工的器械。

（4）实习基地

有相对稳定的校内外实习单位作为专业实习基地。

4. 图书资料

除了要符合国家教育部关于高等院校设置必备的图书资料外，还应满足下列要求：

（1）有关建筑设计、城乡规划、风景园林、建筑历史、建筑技术、美术等方面的专业书籍8000册以上。

（2）有关建筑设计、城乡规划、风景园林、建筑历史、建筑技术、美术等方面的专业中文期刊30种以上，专业外文期刊20种以上。

（3）图书、期刊不少于4种语言文字。

（4）有齐全的现行建筑法规文件资料及基本的工程设计参考资料。

（5）有一定数量的教学数据库（含音像、电子文献），可提供基本的网络检索。

5. 教学文件管理

有齐全的教学文件和教学管理档案，有专门的教学管理人员，有专门的教学文件、档案、学生作业的存放空间。

（1）稳定的专职教学管理人员不少于2人。

（2）有专门的评图、讨论、展示空间，有教学文件、档案及学生作业、模型的存放空间。

6. 教学经费

教学经费须保证教学工作的正常进行。

七、附件

附件1　建筑学专业的知识体系（知识领域、知识单元、知识点）

附件2　建筑学专业的实践体系（实践领域、实践单元、实践技能点）

附件 1

建筑学专业的知识体系（知识领域、知识单元、知识点）

知识体系、知识领域（2568 学时） **表 1-1**

序号	知识体系（学时）	知识领域			参考课程
		序号	描述	参考学时	
1	工具性知识（约 336）	1	外国语	256	大学英语、科技与专业外语、计算机信息技术、文献检索
		2	计算机技术与应用	64	
		3	文献检索	16	
2	人文社会科学知识（约 272）	1	哲学	128	马克思主义基本原理、毛泽东思想和中国特色社会主义理论体系、中国近代史纲要、思想道德修养与法律基础、经济学基础、管理学基础、心理学基础、大学生心理、体育
		2	政治学		
		3	历史学		
		4	法学		
		5	社会学		
		6	经济学		
		7	管理学		
		8	心理学	16	
		9	体育	128	
		10	军事	3 周	
3	自然科学知识（约 160）	1	数学	128	高等数学、环境保护概论
		2	环境科学	32	
				以上共 768	
4	专业知识（约 1800）		见表 1-2	1800	见表 1-2

“专业知识”体系的知识领域（1800 学时） **表 1-2**

序号	知识领域	知识单元	知识点	参考课程	参考学时
1	专业基础	22	77	建筑学概论、建筑制图、建筑艺术表现基础	192
2	建筑设计	15	64	建筑设计初步、建筑设计系列课程	864
3	建筑历史与理论	41	156	外国建筑史、中国建筑史、公共建筑设计原理、居住建筑设计原理、城市设计原理、室内设计原理	208
4	建筑技术	71	247	建筑力学、建筑结构、建筑材料、建筑构造、建筑物理、建筑设备	376
5	建筑师执业基础	5	23	建筑实务、建筑法规、建筑职业道德	32
6	建筑相关学科	18	69	城乡规划原理、风景园林设计原理、建筑数字技术、建筑经济	128
		172	636		1800

“专业基础”的知识单元、知识点（192 学时） **表 1-2-1**

知识单元描述（22 个）		知 识 点 描 述（77 个）		要求	参考学时
参考课程：建筑学概论（知识点 28 个）					32
1	建筑学相关基本概念	1	建筑与建筑物	掌握	4
		2	建筑设计与建筑学	掌握	
		3	建筑师与设计师	了解	
		4	建筑历史与建筑理论	了解	
2	建筑学的研究对象和方法	1	建筑学的研究对象	了解	2
		2	建筑学的研究方法	了解	
3	建筑学与相关学科	1	建筑与环境物理学（声、光、热）	熟悉	4
		2	建筑与环境控制工程（水、暖、电）	熟悉	
		3	建筑与结构	熟悉	
		4	建筑与城市设计、城乡规划、风景园林、室内设计、遗产保护	熟悉	
		5	建筑与经济	了解	
		6	建筑与生态、环境、能源、资源	了解	
4	外国古代建筑	1	西方经典建筑	熟悉	6
		2	东方经典建筑	熟悉	
5	中国古代建筑	1	中国古代建筑的类型与特征	熟悉	4
		2	各时期经典建筑物	熟悉	
6	世界近现代建筑	1	近现代建筑变革	了解	6
		2	近现代建筑主要类别与特征	熟悉	
		3	近现代经典建筑	熟悉	
7	建筑设计表达	1	建筑设计表达概述	熟悉	2
		2	图纸表达	掌握	
		3	模型表达	掌握	
		4	计算机表达	掌握	
8	建筑设计的基本方法和步骤	1	建筑设计及其方法概述	熟悉	4
		2	第一阶段：调研、资料收集和分析	熟悉	
		3	第二阶段：设计构思与方案比较	熟悉	
		4	第三阶段：调整发展与深入细化	熟悉	
		5	设计分析与过程的表达方法	熟悉	
参考课程：建筑制图（知识点 24 个）					64
9	制图工具使用	1	制图工具	熟悉	2
		2	工具使用	掌握	
10	几何图形与投影	1	点	掌握	16
		2	直线与曲线	掌握	
		3	平面与曲面	掌握	
		4	点线面间关系	掌握	
		5	量度	掌握	

续表

知识单元描述（22个）		知识点描述（77个）		要求	参考学时
11	建筑图	1	不同表达内容的建筑图	熟悉	8
		2	不同设计过程的建筑图	熟悉	
		3	不同建筑对象的画法	掌握	
		4	建筑制图的步骤	掌握	
12	轴测图	1	轴测投影与轴测图	掌握	6
		2	轴测图的画法	掌握	
		3	轴测图的应用	掌握	
13	透视图	1	基本概念	熟悉	28
		2	透视图的基本画法	掌握	
		3	透视图的其他画法	熟悉	
		4	透视角度的选择	掌握	
		5	不同灭点透视图（一点、两点、三点透视等）	熟悉	
		6	透视图深入	了解	
14	阴影	1	基本概念	熟悉	8
		2	阴影的轴测	掌握	
		3	阴影的透视	掌握	
		4	建筑图的阴影	掌握	
参考课程：建筑表现基础（知识点25个）					96
15	建筑的艺术表现	1	艺术表现建筑的种类与方式（图画、模型、影视等）	了解	2
		2	不同艺术表现的用途	了解	
16	平面艺术表现	1	平面艺术表现方法	了解	2
		2	硬笔画（铅笔、钢笔）	熟悉	
		3	软笔画（水粉或水彩）	熟悉	
17	硬笔画技法	1	形体轮廓及其画法	掌握	28
		2	明暗调子及其画法	掌握	
		3	材质及其画法	掌握	
18	构图	1	构图种类	熟悉	2
		2	构图原则	熟悉	
		3	配景种类、原则	熟悉	
		4	配景画法	掌握	
19	色彩	1	色彩基础理论	了解	2
		2	绘画色彩运用	熟悉	
20	软笔画技法	1	不同工具的选择	了解	28
		2	底稿画法	掌握	
		3	色彩技法（水粉或水彩）	掌握	

续表

知识单元描述（22个）		知识点描述（77个）		要求	参考学时
21	建筑物综合表现	1	视角的选择	掌握	24
		2	构图与配景	掌握	
		3	建筑物材质的画法	掌握	
		4	倒影与透明的画法	掌握	
22	建筑模型表现	1	模型种类	熟悉	8
		2	模型的用材	了解	
		3	模型的加工工具	熟悉	
		4	模型的基本制作方法	掌握	

"建筑设计"的核心知识单元、知识点（864学时） **表1-2-2**

知识单元描述（15个）		知识点描述（64个）		要求	参考学时
参考课程：建筑设计初步（知识点19个）					96
1	基本概念	1	建筑与建筑物	熟悉	4
		2	建筑学与建筑设计	熟悉	
		3	建筑空间与建筑形体	熟悉	
2	认知	1	建筑单体的认知	熟悉	16
		2	建筑群体的认知	熟悉	
		3	城乡街道与生活的认知	熟悉	
3	表达	1	图纸表达	掌握	4
		2	书面语言表达	掌握	
		3	口头语言表达	掌握	
4	构成	1	平面构成	掌握	24
		2	立体构成	掌握	
		3	形体与空间构成	掌握	
		4	色彩构成	熟悉	
5	分析	1	分析的要素、方面	掌握	16
		2	实例分析	掌握	
		3	通过分析寻找要解决的问题	掌握	
6	设计	1	通过设计解决预先问题	掌握	32
		2	通过设计满足人的生活	熟悉	
		3	通过设计产生优美事物	熟悉	
参考课程：建筑设计（知识点45个）					768
7	环境与场地	1	场地与环境的概念	熟悉	80
		2	场地地形分类：坡地、平地	熟悉	
		3	两个倾向的环境：城市—乡野	熟悉	
		4	场地涉及的要素：红线、竖向、地质条件等	熟悉	
		5	环境影响的要素：交通、绿化、日照等	掌握	
		6	场地设计	掌握	

续表

知识单元描述（15个）		知识点描述（64个）		要求	参考学时
8	建筑功能分类	1	公共建筑	掌握	96
		2	居住建筑	掌握	
		3	工业建筑	熟悉	
9	功能布局	1	功能布局种类及原则	熟悉	80
		2	动、静功能分区	掌握	
		3	公共、私密功能分区	掌握	
		4	相似功能临近分布——线性、块状	掌握	
		5	多个功能成组重复分布——单元式布局	掌握	
10	交通流线	1	水平交通	掌握	80
		2	垂直交通	掌握	
		3	线性交通	掌握	
		4	环状交通	掌握	
		5	网状交通	掌握	
		6	放射状交通	掌握	
		7	复合型交通	掌握	
11	空间组合	1	空间组合与流线	掌握	96
		2	线性空间组合	掌握	
		3	环状空间组合	掌握	
		4	网状空间组合	掌握	
		5	放射状空间组合	掌握	
		6	复合型空间组合	掌握	
12	形体造型	1	具象造型与抽象造型	熟悉	96
		2	简单几何体造型	掌握	
		3	轮廓为直线的简单几何体	掌握	
		4	轮廓为简单曲线的几何体	掌握	
		5	反映功能组成的形体	掌握	
		6	反映结构组成的形体	掌握	
		7	反映当地气候的形体	熟悉	
		8	复合的形体	掌握	
13	建筑结构	1	建筑形体、空间与建筑结构的关系	熟悉	80
		2	形体空间与结构的互相适应	掌握	
		3	主要建筑结构类型	熟悉	
14	建筑安全	1	建筑防火	掌握	80
		2	建筑防震	熟悉	
		3	建筑防其他自然灾害	熟悉	

续表

知识单元描述（15个）		知识点描述（64个）		要求	参考学时
15	可持续建筑	1	资源可持续	掌握	80
		2	能源可持续	掌握	
		3	环境友好	熟悉	
		4	生态友好	熟悉	

“建筑历史与理论”的知识单元、知识点（208学时） **表1-2-3**

知识单元描述（41个）		知识点描述（156个）		要求	参考学时
参考课程：外国建筑史Ⅰ（知识点17个）					32
1	早期文明的建筑	1	古埃及建筑	了解	4
		2	古代两河流域和波斯建筑	了解	
		3	古印度和美洲建筑	了解	
2	欧洲古典建筑	1	爱琴文化建筑	了解	10
		2	古希腊建筑	熟悉	
		3	古典柱式	掌握	
		4	古罗马建筑	熟悉	
		5	券拱技术	掌握	
3	中古时代建筑	1	拜占庭建筑	熟悉	10
		2	西欧中世纪建筑	熟悉	
		3	以法国为中心的哥特式教堂	掌握	
		4	中古伊斯兰建筑	熟悉	
		5	中古其他地区的建筑：俄罗斯、日本、印度次大陆等	了解	
4	欧洲文艺复兴时期建筑	1	意大利文艺复兴建筑	掌握	8
		2	巴洛克建筑	熟悉	
		3	法国的文艺复兴与古典主义建筑	熟悉	
		4	英国及欧洲其他国家的文艺复兴与古典主义建筑	了解	
参考课程：外国建筑史Ⅱ（知识点19个）					32
5	18世纪下～19世纪下欧美建筑	1	工业革命对欧美城市和建筑的影响	了解	4
		2	建筑设计中的复古——古典复兴、浪漫主义、折中主义	熟悉	
		3	工业革命后面对城市矛盾的实践和探索	熟悉	
		4	近代建筑新技术	了解	
6	19世纪下～20世纪初欧美对新建筑的探求	1	欧洲探求新建筑的运动	了解	2

续表

知识单元描述（41个）		知识点描述（156个）		要求	参考学时
7	新建筑运动高潮——“现代主义”建筑	1	“现代主义”建筑的诞生	熟悉	12
		2	格罗皮乌斯与“包豪斯”	熟悉	
		3	勒·柯布西耶	熟悉	
		4	密斯·凡·德·罗	熟悉	
		5	赖特	熟悉	
		6	阿尔托	熟悉	
8	二战后城市建设与建筑活动	1	二战后世界主要国家建筑概况	了解	6
		2	二战后城乡规划与实践	了解	
		3	高层、大跨建筑的发展	了解	
		4	战后初期（20世纪50、60年代）建筑创作中的新动向	熟悉	
9	“现代主义”之后的建筑活动	1	从现代到后现代	熟悉	6
		2	新理性主义、新地域主义、解构主义、新现代等	了解	
		3	“高技”和“简约”倾向	熟悉	
10	当代建筑创作	1	当代世界建筑创作的倾向和趋势概况	了解	2
参考课程：中国建筑史（知识点19个）					48
11	古代中国建筑	1	中国古代建筑特征	熟悉	16
		2	古代中国建筑发展概况	了解	
		3	城市建设	熟悉	
		4	民用建筑：住宅与聚落	熟悉	
		5	帝王建筑：宫殿、坛庙、陵墓	熟悉	
		6	宗教建筑：寺庙、塔幢、雕刻	熟悉	
		7	园林与风景建设	熟悉	
		8	影响建筑的社会文化因素：建筑意匠	熟悉	
		9	影响建筑的技术材料因素：古代木构建筑演变	熟悉	
12	近代中国建筑	1	近代中国建筑发展概况	熟悉	16
		2	近代城市建设	熟悉	
		3	建筑类型与建筑技术	了解	
		4	建筑制度、建筑教育与建筑设计机构	了解	
		5	建筑形式与建筑思潮	了解	
13	现代中国建筑	1	现代中国建筑发展概况	了解	16
		2	城乡规划与城市建设	了解	
		3	建筑作品与建筑思潮	熟悉	
		4	建筑教育与学术发展	了解	
		5	中国台湾、香港、澳门建筑	熟悉	

续表

知识单元描述（41个）		知识点描述（156个）		要求	参考学时
参考课程：公共建筑设计原理（知识点27个）					32
14	公共建筑概论	1	公共建筑学习内容及当前趋势	了解	2
		2	公共建筑分类	熟悉	
		3	公共建筑特点及功能分区	熟悉	
15	公共建筑空间组合及划分的基本形式	1	线性空间组合	熟悉	6
		2	环状空间组合	掌握	
		3	网状空间组合	掌握	
		4	放射状空间组合	掌握	
		5	垂直空间组合	掌握	
		6	复合空间组合	掌握	
		7	交通空间、交通组织及疏散组织	掌握	
16	公共建筑的造型设计	1	公共建筑造型与美的基本规律	熟悉	6
		2	公共建筑的功能与体量处理	熟悉	
		3	公共建筑造型与城市周边建筑关系	熟悉	
		4	公共建筑细部造型	熟悉	
17	公共建筑总平面设计	1	建筑总平面设计概述	熟悉	4
		2	建筑场地与综合交通布局	掌握	
		3	建筑场地的垂直利用及竖向设计	掌握	
		4	总平面中建筑物间的空间关系	掌握	
18	公共建筑外部环境设计	1	外部环境空间设计	掌握	4
		2	外部环境地面/界面设计	掌握	
		3	外部环境小品设计	掌握	
19	公共建筑与城市背景	1	公共建筑与周边建筑的关系	熟悉	4
		2	公共建筑与周边城市空间的关系	熟悉	
		3	公共建筑与城市的互补、对比	熟悉	
20	公共建筑的基本规范和法规要求	1	公共建筑设计的主要强制性法规	掌握	6
		2	公共建筑防火的主要设计措施	掌握	
		3	公共建筑防灾的主要设计措施	掌握	
参考课程：居住建筑设计原理（知识点25个）					24
21	居住建筑概论	1	相关概念及当前趋势	了解	2
		2	居住建筑特点	熟悉	
		3	居住建筑分类	熟悉	
22	居住套型设计	1	住宅套型概述	了解	4
		2	套型各功能空间设计：交通、厨卫、居室等	掌握	
		3	套型空间的组合与划分设计：水平、垂直等	掌握	
		4	套型的发展趋势	熟悉	

续表

知识单元描述（41个）		知识点描述（156个）		要求	参考学时
23	不同高度类型的住宅设计	1	低层住宅特点与设计	熟悉	4
		2	多层住宅特点与设计	掌握	
		3	高层、中高层住宅特点与设计	掌握	
24	住宅若干要素与设计	1	住宅的组合与划分	熟悉	4
		2	住宅垂直交通设计	熟悉	
		3	住宅消防和疏散设计	熟悉	
		4	住宅的结构体系及设备系统	熟悉	
25	住宅空间与造型设计	1	住宅内、外部空间设计	掌握	2
		2	住宅造型设计	掌握	
26	特色住宅	1	坡地住宅	了解	3
		2	带商业的住宅设计	熟悉	
		3	村镇住宅	熟悉	
27	住宅设计的相关因素	1	住宅造价	熟悉	5
		2	住宅经济、质量标准	了解	
		3	住宅标准化与工业化	熟悉	
		4	住宅设计与地域、气候、民族文化	了解	
		5	住宅设计与可持续发展	熟悉	
		6	住宅设计的发展趋势	了解	
参考课程：城市设计原理（知识点26个）					24
28	城市设计概论	1	城市设计的概念	掌握	2
		2	城市设计与建筑设计、城市规划的关系	了解	
		3	城市设计的发展趋势	了解	
29	城市设计的历史发展与基础理论	1	城市设计的历史发展	了解	4
		2	现代城市设计	熟悉	
		3	城市设计的基础理论	了解	
30	城市设计的分析与编制	1	城市设计的空间分析	熟悉	2
		2	城市设计的社会调查	熟悉	
		3	城市设计编制和研究的类型	熟悉	
		4	城市设计的工作内容与编制	熟悉	
		5	城市设计编制要点	掌握	
		6	城市设计编制程序	熟悉	
31	城市空间要素和景观构成	1	土地利用	熟悉	6
		2	空间格局	熟悉	
		3	道路交通	了解	
		4	城市公共外部空间	熟悉	
		5	建筑形态与城市色彩	熟悉	

续表

知识单元描述 (41个)		知识点描述 (156个)		要求	参考学时
32	城市设计的典型种类	1	城市道路、广场与绿地	掌握	4
		2	城市中心区	熟悉	
		3	城市居住区	熟悉	
		4	校园规划	熟悉	
		5	城市建筑综合体	掌握	
33	城市设计的实施组织	1	城市设计的过程属性	了解	3
		2	城市设计的公共参与与机构组织	了解	
34	历史建筑保护	1	建筑历史演变规律概要	了解	3
		2	建筑的形制及工艺基础知识	熟悉	
		3	文博理论基础知识	熟悉	
		4	历史建筑保护技术概论	熟悉	
参考课程：室内设计原理（知识点23个）					16
35	室内设计概述	1	室内设计的意义	了解	2
		2	室内设计的内容	熟悉	
		3	室内设计与建筑设计	熟悉	
		4	室内设计流派与发展	了解	
36	人体工学	1	人体工学概述	了解	2
		2	人体工学与室内设计	熟悉	
37	室内设计原则	1	室内设计要素	熟悉	2
		2	室内设计原则	熟悉	
38	室内空间设计	1	室内空间分类	熟悉	3
		2	室内空间构成	熟悉	
		3	室内空间的界面设计	熟悉	
		4	室内空间的划分与组合	掌握	
39	室内色彩设计	1	室内色彩的基本知识	了解	2
		2	室内色彩设计的原则	熟悉	
		3	室内色彩设计的方法	掌握	
40	室内家具与陈设	1	家具的发展与分类	熟悉	3
		2	家具配置	掌握	
		3	室内织物配置	熟悉	
		4	室内工艺品、日用品配置	熟悉	
		5	室内绿化、小品、水体、叠石	熟悉	
41	室内照明设计	1	室内照明设计原理	了解	2
		2	室内照明方式	了解	
		3	室内灯具的配置	了解	

“建筑技术”的核心知识单元、知识点（376 学时）　　　　**表 1-2-4**

知识单元描述 （71 个）		知识点描述 （247 个）		要求	参考学时
参考课程：建筑力学（知识点 66 个）					96
1	静力学原理和物体的受力分析	1	静力学原理	掌握	4
		2	约束与约束反力	掌握	
		3	物体的受力分析	掌握	
2	力系	1	平面汇交力系与平面力偶系	掌握	12
		2	平面一般力系	掌握	
		3	空间一般力系	了解	
3	摩擦	1	滑动摩擦	掌握	4
		2	考虑滑动摩擦时物体的平衡问题	掌握	
		3	摩擦角和自锁现象	了解	
		4	滚动摩阻的概念	了解	
4	点的运动	1	点的运动	掌握	6
		2	点的合成运动	掌握	
5	刚体的运动	1	刚体的基本运动与平面运动	掌握	6
6	材料力学的基本概念及轴向拉伸和压缩	1	材料力学基本概念	掌握	4
		2	内力，截面法，轴力及轴力图	掌握	
		3	应力和变形，胡克定律，弹性模量，泊松比	熟悉	
		4	材料的拉压力学性能，强度条件和计算	熟悉	
		5	应力集中的概念	熟悉	
7	剪切	1	剪切的概念	熟悉	2
		2	剪切的实用计算	熟悉	
8	扭转	1	薄壁圆筒的扭转，剪切胡克定律，剪应力互等定理	熟悉	2
		2	扭矩及扭矩图	了解	
9	弯曲	1	剪力、弯矩及剪力图、弯矩图	掌握	12
		2	弯矩、剪力和荷载集度间的微分关系	掌握	
		3	梁横截面上的正应力和正应力强度条件	掌握	
		4	梁横截面上的剪应力和剪应力强度条件	掌握	
		5	梁弯曲变形时截面的挠度和转角的概念	掌握	
		6	挠曲线近似微分方程	了解	
		7	积分法和叠加法计算弯曲变形	掌握	
		8	刚度条件，提高梁的刚度的措施	熟悉	
10	截面图形几何性质	1	静矩和形心	掌握	4
		2	惯性矩，惯性积，平行移轴公式	掌握	
		3	形心主轴和形心主惯性矩	熟悉	
11	应力状态和强度理论	1	平面应力状态下的应力分析	掌握	4
		2	广义胡克定律	掌握	
		3	常用强度理论	掌握	

续表

知识单元描述（71个）		知识点描述（247个）		要求	参考学时
12	压杆稳定	1	细长中心受压直杆临界力的欧拉公式、长度系数	熟悉	4
		2	欧拉公式应用范围，临界应力总图，柔度	了解	
		3	压杆稳定条件和稳定计算	了解	
		4	提高压杆稳定性的措施	了解	
13	结构力学概念及平面几何体系组成分析	1	结构计算简图选取的基本原则、方法以及结构、荷载的分类	熟悉	4
		2	几何可变和几何不变体系的概念、体系的自由度、几何不变体系的组成规则	掌握	
		3	静定结构与超静定结构的几何组成特征	掌握	
		4	瞬变体系的概念	熟悉	
14	静定结构内力、位移分析和计算	1	单跨静定梁的内力计算及内力图、多跨静定梁的组成特点及传力层次图、多跨静定梁的内力分析及内力图	掌握	8
		2	静定平面刚架的内力计算、内力图的绘制及校核	掌握	
		3	三铰拱的内力计算方法以及合理拱轴的概念	掌握	
		4	桁架的内力计算	掌握	
		5	静定组合结构的内力计算	熟悉	
		6	广义位移的概念、实功与虚功的概念、变形体系的虚功原理	掌握	
		7	结构位移计算的方法	掌握	
		8	支座移动及温度改变引起的位移计算方法	掌握	
		9	图乘法计算梁和刚架的位移	掌握	
15	影响线	1	移动荷载及影响线的概念	熟悉	4
		2	静力法作静定梁的影响线	掌握	
		3	利用影响线确定最不利状态位置的方法	了解	
		4	简支梁内力包络图的概念和作图方法	掌握	
16	超静定结构内力、位移分析和计算	1	超静定问题及其解法	掌握	12
		2	力法	掌握	
		3	位移法	掌握	
		4	力矩分配法	熟悉	
17	结构的稳定计算	1	两类稳定问题的概念、不同支承压杆的临界压力	了解	2
		2	运用静力法和能量法分析不同支承压杆的临界压力	熟悉	
18	结构动力学基本原理和方法	1	动力荷载的分类、动力自由度的确定方法	了解	2
		2	单自由度体系的振动方程、自由振动和强迫振动	了解	
		3	共振和阻尼	了解	
参考课程：建筑结构（知识点44个）					64
19	建筑地基和基础	1	地基分类及物理性能	熟悉	8
		2	地基计算	了解	
		3	地基处理及加固	熟悉	
		4	浅基础设计	熟悉	
		5	桩基础设计	熟悉	

续表

知识单元描述（71个）		知识点描述（247个）		要求	参考学时
20	钢筋混凝土结构	1	钢筋混凝土的力学性能	熟悉	12
		2	钢筋混凝土结构的基本计算原则	了解	
		3	受弯构件的计算与构造	熟悉	
		4	受压构件的设计与构造	熟悉	
		5	受扭构件的设计与构造	熟悉	
		6	预应力混凝土结构	熟悉	
		7	预埋件构造要求	熟悉	
21	砌体结构	1	砌体的力学性能	熟悉	6
		2	砌体结构的基本计算原则	了解	
		3	砌体结构构件设计	熟悉	
		4	混合结构房屋墙、柱设计	了解	
		5	墙、柱主要构造要求	熟悉	
		6	过梁、墙梁、挑梁	熟悉	
22	钢结构	1	钢结构特点及应用范围	熟悉	10
		2	钢结构材料力学性能	熟悉	
		3	钢结构的连接	了解	
		4	横向受弯构件——梁	掌握	
		5	轴向受压构件——拉杆、压杆、柱	掌握	
		6	钢屋架	熟悉	
23	木结构	1	木结构特点及应用范围	熟悉	8
		2	木结构材料力学性能	熟悉	
		3	木结构的连接	熟悉	
		4	木结构的防腐、防虫、防火	了解	
		5	木屋架	熟悉	
24	大跨建筑结构	1	大跨结构的应用范围	熟悉	8
		2	大跨结构的类型与发展	熟悉	
		3	大跨结构力学概念	了解	
25	高层建筑结构	1	高层建筑结构体系与设计原则	熟悉	8
		2	高层建筑结构布置	熟悉	
		3	高层建筑结构的设计荷载	了解	
		4	高层建筑结构的计算	了解	
		5	高层建筑结构构造	了解	
26	结构抗震	1	建筑抗震设计原则	熟悉	8
		2	地震作用计算	了解	
		3	多层砌体建筑	熟悉	
		4	多层和高层钢筋混凝土建筑	熟悉	
		5	底层框架和多层内框架砖建筑	熟悉	
		6	单层厂房	熟悉	
		7	单层空旷建筑（影剧院、会堂、体育馆、候车厅、食堂等）	熟悉	

续表

知识单元描述（71 个）		知识点描述（247 个）		要求	参考学时
参考课程：建筑材料（知识点 12 个）					16
27	常用建筑材料	1	常用建材基本属性	熟悉	8
		2	无机胶凝材料	了解	
		3	水泥、混凝土、建筑砂浆	熟悉	
		4	建筑钢材	熟悉	
		5	建筑木材	了解	
		6	建筑高分子材料	了解	
28	功能性建筑材料	1	墙体材料	熟悉	4
		2	防水材料	熟悉	
		3	绝热材料和吸声材料	熟悉	
29	建筑装饰材料	1	天然材料	熟悉	4
		2	人工材料	熟悉	
		3	新材料	熟悉	
参考课程：建筑构造（知识点 33 个）					64
30	建筑构造概论	1	建筑物的组成	熟悉	6
		2	影响建筑构造设计的因素和设计原则	了解	
		3	建筑物等级	熟悉	
		4	建筑模数	掌握	
31	地基、基础与地下室构造	1	地基	熟悉	6
		2	基础	熟悉	
		3	桩基础	熟悉	
		4	地下室	熟悉	
		5	防止不均匀沉降的措施	熟悉	
32	楼地层构造	1	楼板层	熟悉	8
		2	地坪	熟悉	
		3	阳台、雨篷	掌握	
33	墙体构造	1	砌体墙	熟悉	4
		2	隔墙、隔断	熟悉	
34	门窗构造	1	门窗构造	掌握	4
35	屋顶构造	1	平屋顶	掌握	4
		2	坡屋顶	掌握	
36	楼梯、电梯、坡道构造	1	楼梯、台阶、坡道	熟悉	4
		2	升降梯、自动扶梯	熟悉	
37	变形缝	1	变形缝的种类和作用	熟悉	6
		2	变形缝的设置和构造	掌握	

续表

知识单元描述（71个）		知识点描述（247个）		要求	参考学时
38	建筑物防水防潮构造	1	防水防潮构造设计措施	掌握	6
		2	地下室防水防潮	熟悉	
		3	墙体防水防潮	熟悉	
		4	楼板层防水防潮	熟悉	
39	建筑声学构造	1	吸声材料与吸声构件	熟悉	4
		2	建筑隔声构造	掌握	
40	建筑保温隔热构造	1	围护结构保温构造	掌握	4
		2	围护结构隔热构造	掌握	
41	建筑采光构造	1	太阳能利用及构造	熟悉	4
		2	采光天窗构造	熟悉	
42	建筑防火构造	1	建筑防火分隔物的构造	掌握	4
		2	不同建筑材料防火保护	熟悉	
参考课程：建筑物理（知识点37个）					72
43	建筑物理环境概述	1	环境、物理环境与城市物理环境	了解	2
44	室内热环境	1	室内热环境的影响因素	熟悉	4
		2	中国建筑热工设计分区	熟悉	
45	传热基本知识	1	传热方式	熟悉	6
		2	平壁的稳定传热和周期性传热	了解	
46	建筑保温、隔热	1	围护结构保温设计	熟悉	8
		2	围护结构传热异常处保温措施	熟悉	
		3	围护结构的蒸汽渗透及冷凝	熟悉	
		4	围护结构隔热设计	熟悉	
		5	房间的自然通风	熟悉	
47	建筑日照	1	日照基本概念	熟悉	6
		2	棒影日照图的原理和应用	熟悉	
		3	建筑遮阳	熟悉	
48	建筑光学基本知识	1	基本光学量度	熟悉	8
		2	材料的光学性质	了解	
		3	视度及其影响因素	熟悉	
49	天然采光	1	光气候与采光标准	熟悉	8
		2	采光口与采光设计	掌握	
		3	采光计算	掌握	
50	建筑照明	1	人工光源的光特性	熟悉	8
		2	灯具	熟悉	
		3	室内照明设计	掌握	
		4	建筑物立面照明	熟悉	

续表

知识单元描述（71个）		知识点描述（247个）		要求	参考学时
51	建筑声学基本知识	1	基本声学量度	熟悉	4
		2	人对声音的感受	了解	
52	吸声和隔声材料	1	吸声材料	掌握	6
		2	声音在围护结构中的传播	熟悉	
		3	隔声材料	掌握	
		4	建筑隔声评价标准	熟悉	
53	噪声控制	1	噪声评价量	熟悉	6
		2	环境噪声的控制	掌握	
		3	建筑隔声	熟悉	
54	室内音质设计	1	封闭空间里的声学现象综述	熟悉	6
		2	偏语言通信用的厅堂音质设计	熟悉	
		3	偏音乐欣赏用的厅堂音质设计	熟悉	
		4	多用途厅堂音质设计	熟悉	
		5	混响时间的设计计算	熟悉	
参考课程：建筑设备（知识点55个）					64
55	建筑环境概论	1	建筑内、外环境	了解	2
		2	建筑的生态、节能意识	熟悉	
56	管材、卫生器具	1	管材及附件、卫生器具	熟悉	2
57	建筑给水	1	给水系统、给水方式	熟悉	4
		2	给水系统计算	了解	
		3	管网布置、敷设	熟悉	
		4	水泵、水池、水箱及其用房	熟悉	
		5	高层建筑给水特点	了解	
58	建筑排水	1	排水系统	熟悉	4
		2	排水计算	了解	
		3	管网布置、敷设	熟悉	
59	消防给水	1	消防栓给水系统	掌握	6
		2	自动喷水灭火系统	熟悉	
		3	其他灭火系统	了解	
		4	高层消防给水	了解	
		5	室外消防	了解	
60	热水系统	1	热水系统及饮水供应	熟悉	2
		2	管网布置、敷设	熟悉	
61	室外给水排水概述	1	室外给水排水工程	了解	2

续表

知识单元描述（71个）		知识点描述（247个）		要求	参考学时
62	供暖	1	供暖系统及其分类	熟悉	6
		2	热负荷	了解	
		3	散热设备	熟悉	
		4	供暖管网的布置和敷设	熟悉	
		5	高层建筑供暖特点	熟悉	
		6	热源	熟悉	
63	通风	1	通风方式与通风量	熟悉	6
		2	通风系统的主要设备和构件	了解	
		3	建筑防排烟	掌握	
		4	民用建筑常用通风系统简介	熟悉	
64	空气调节	1	室内空气计算参数与空调方式分类	熟悉	8
		2	空调系统的分类及特点	掌握	
		3	空气的物理性质	了解	
		4	空气处理	熟悉	
		5	空调房间	掌握	
		6	空调冷源	掌握	
		7	常用空调系统	熟悉	
65	燃气供应	1	燃气种类及特点	熟悉	2
		2	室内燃气管道、燃气设备	熟悉	
66	建筑供配电系统	1	建筑供配电系统基本概念	了解	4
		2	低压配电线路、低压电器、配电箱	熟悉	
		3	保护接地、等电位连接	熟悉	
		4	电力及照明平面图	熟悉	
67	建筑弱电系统	1	弱电系统	熟悉	4
		2	智能建筑主要特征	熟悉	
		3	综合布线	了解	
68	火灾报警与消防联动控制	1	火灾报警与消防联动控制系统的类型及组成	熟悉	2
		2	探测器的种类及适用场所	熟悉	
		3	消防控制室	掌握	
69	安全用电与建筑物防雷	1	建筑物防雷系统组成	了解	2
		2	建筑物防雷分级	熟悉	
		3	各级防雷建筑物的保护措施	熟悉	
70	电梯	1	电梯分类及选用	熟悉	2
		2	电梯对建筑物的要求	掌握	
71	建筑设备与施工图设计	1	施工图设计案例	熟悉	6
		2	建筑设备与生态、绿色建筑	熟悉	

“建筑师执业基础”的知识单元及知识点（32学时） **表1-2-5**

知识单元描述（5个）		知识点描述（23个）		要求	参考学时
参考课程：建筑实务（知识点19个）					16
1	建筑设计业务管理	1	建设开发程序	熟悉	7
		2	设计管理	熟悉	
		3	民用建筑工程设计取费标准	了解	
		4	建设工程勘察设计合同	熟悉	
		5	建设项目招标投标	了解	
		6	工程设计招标投标	了解	
		7	建设监理	了解	
		8	勘察设计行业的职业道德准则	熟悉	
2	建筑师的权利、义务、责任	1	建筑师的权利	熟悉	2
		2	建筑师的义务	熟悉	
		3	建筑师的法律责任	熟悉	
3	建筑施工	1	土方工程	了解	7
		2	基础工程	了解	
		3	砌筑工程	熟悉	
		4	钢筋混凝土工程	熟悉	
		5	防水工程	了解	
		6	吊装工程	了解	
		7	装饰工程	了解	
		8	施工组织设计	熟悉	
参考课程：建筑法规（知识点4个）					16
4	建筑相关法律	1	建筑法、城乡规划法	熟悉	8
		2	其他相关建筑法规	了解	
5	建筑规范	1	民用建筑设计通则	掌握	8
		2	重要的强制性规范条文	熟悉	

“建筑相关学科”的知识单元及知识点（128学时） **表1-2-6**

知识单元描述（18个）		知识点描述（69个）		要求	参考学时
参考课程：建筑经济（知识点19个）					32
1	建筑设计与经济学	1	建筑设计中的经济学原理	熟悉	8
		2	建筑设计中的经济学参数	了解	
		3	建筑设计中的综合效益评估	熟悉	
		4	城市土地与城市房地产	了解	
	基本建设及其费用	1	基本建设的概念	熟悉	4
		2	基本建设工程费用	掌握	

续表

知识单元描述（18个）		知识点描述（69个）		要求	参考学时
2	一般土建工程概预算的编制	1	定额	了解	4
		2	建筑工程概预算分类	熟悉	
		3	建筑工程概预算编制	熟悉	
3	建筑面积的计算方法	1	计算建筑面积的范围	掌握	4
		2	不计算建筑面积的范围	掌握	
		3	其他	了解	
4	一般建筑工程单方造价的估算	1	投资估算的作用	熟悉	6
		2	投资估算的内容	熟悉	
		3	投资估算的编制依据	了解	
		4	投资估算的若干编制方法	掌握	
5	建设项目投资估算及技术经济指标实录	1	一般建筑工程技术经济指标单位	熟悉	6
		2	各类工程技术经济指标案例	了解	
		3	若干分部、分项工程定额单价案例	熟悉	
参考课程：城乡规划原理（知识点26个）					32
6	城乡规划概述	1	城乡规划的任务	熟悉	6
		2	城乡规划的编制程序	掌握	
		3	城乡规划的指导思想	了解	
		4	城乡规划法	熟悉	
		5	城乡规划学科的发展	了解	
7	城市总体规划的编制要求	1	城市总体规划的主要内容	熟悉	8
		2	城市总体规划的图纸和文件项	熟悉	
		3	城市总体规划修编的若干思考	了解	
		4	城乡规划用地标准	熟悉	
8	城市详细规划概述	1	城市详细规划的任务	了解	2
		2	城市详细规划的内容	熟悉	
9	城市控制性详细规划	1	用地界线与适建范围	熟悉	8
		2	建筑控制界线	熟悉	
		3	建筑间距与日照间距	掌握	
		4	容积率、建筑密度与建筑高度	掌握	
		5	绿地率	掌握	
		6	地块交通出入口方位	掌握	
		7	居住人口	掌握	
		8	地块适建性规定	熟悉	
		9	道路规划	熟悉	
		10	市政工程规划	了解	

续表

知识单元描述（18个）		知识点描述（69个）		要求	参考学时
10	城市修建性详细规划	1	建设条件分析	了解	8
		2	总平面规划设计	掌握	
		3	道路系统规划设计	熟悉	
		4	竖向规划设计	掌握	
		5	工程管线综合规划设计	了解	
参考课程：建筑数字技术（知识点24个）					64
11	建筑学中计算机应用概述	1	计算机科学与抽象思维	熟悉	1
		2	计算机辅助设计CAD与计算机辅助建筑设计与CAAD	熟悉	
12	建筑设计构思软件	1	概述	熟悉	3
		2	SketchUp/FormZ等的使用	熟悉	
13	建筑设计绘图软件	1	概述—AutoCAD/ArchiCAD等	熟悉	14
		2	AutoCAD/ArchiCAD等的绘图	掌握	
		3	AutoCAD/ArchiCAD等的建模	掌握	
14	建筑设计表现软件	1	概述	熟悉	14
		2	3DMax/Rhino等的建模	掌握	
		3	3DMax/Rhino等的材质处理	掌握	
		4	3DMax/Rhino等的渲染	掌握	
15	建筑设计图形、图像处理与排版软件	1	概述	熟悉	12
		2	Illustrator等的图形处理	掌握	
		3	Photoshop等的图像处理	熟悉	
		4	InDesign等的排版	熟悉	
16	建筑设计方案演示软件	1	概述	熟悉	2
		2	建筑演示文稿制作	掌握	
		3	电子幻灯片放映与控制	掌握	
17	建筑技术辅助设计软件	1	GIS软件概述	了解	4
		2	ARCview等的使用介绍	了解	
		3	Ecotect等生态分析软件概述	了解	
		4	Ecotect等生态分析软件使用介绍	熟悉	
18	建筑信息模型（BIM）软件	1	概述	了解	14
		2	Revit/Bentley等BIM软件使用	熟悉	

附件 2

建筑学专业的实践体系（实践领域、实践单元、实践技能点）

实践体系（20 学时＋41 周） **表 2-1**

实践领域描述（3 个）		实践单元描述（15 个）		性　质	参考学时
1	实验	1	建筑热工学实验	专业基础实验	6
		2	建筑光学实验		4
		3	建筑声学实验		4
		4	建筑材料实验		6
2	实习	1	建筑环境认识实习Ⅰ	认识实习	1 周
		2	建筑认识实习Ⅱ		1 周
		3	素描实习	课程实习	2 周
		4	色彩实习		2 周
		5	计算机实习		1 周
		6	历史建筑测绘实习		2 周
		7	建筑快速设计训练		2 周
		8	工程实践/建筑设计院实习	生产实习	6 周
		9	毕业实习	毕业实习	2 周
3	设计	1	建筑结构	课程设计	2 周
		2	选题：高层建筑、大跨建筑、影剧院建筑、建筑综合体、CAAD 与建筑等	毕业设计/论文	14 周
				合计	20 学时＋41 周

“实验”的实践单元、实践技能点（20 学时） **表 2-1-1**

实践单元描述（4 个）		实践技能点描述（40 个）		要求	参考学时
1	建筑热工学实验	1	热环境参数的测定	熟悉	6
		2	保护热板法测建筑材料的导热系数	掌握	
		3	热流计用于实验室测构件的传热系数	掌握	
		4	热箱法测构件总传热系数	熟悉	
		5	建筑日照实验	掌握	
2	建筑光学实验	1	检验侧窗采光房间的实际采光效果	掌握	4
		2	检验房间照明实际效果	掌握	
		3	检验室内亮度分布状况	掌握	
		4	采光模型实验	熟悉	
		5	照明模型实验	熟悉	
		6	用照度计测量表面光反射比	熟悉	
		7	用照度计测量窗玻璃的光透射比	掌握	

续表

实践单元描述（4个）		实践技能点描述（40个）		要求	参考学时
3	建筑声学实验	1	用声级计测量声压级和A声级	掌握	4
		2	用白噪声源测量房间的混响时间	熟悉	
		3	用发令枪测量房间的混响时间	熟悉	
		4	在混响室测量材料（构造）吸声系数	熟悉	
		5	用驻波管测量吸声系数	熟悉	
		6	隔墙隔绝空气声的测量	熟悉	
		7	楼板隔绝撞击声的测量	熟悉	
		8	根据噪声的频谱决定噪声评价数	熟悉	
		9	用声级计测量交通噪声统计百分数声级L10	掌握	
4	建筑材料实验	1	建筑材料的基本性质实验	掌握	6
		2	水泥试验	熟悉	
		3	混凝土用骨料试验	熟悉	
		4	普通混凝土实验	熟悉	
		5	水泥砂浆试验	熟悉	
		6	钢筋试验	熟悉	
		7	普通黏土砖试验	熟悉	
		8	沥青试验	了解	

“实习”的实践单元、实践技能点（25周）　　**表2-1-2**

实践单元描述（9个）		实践技能点描述（45个）		要求	参考学时
1	建筑环境认识实习	1	校园认知	熟悉	1周
		2	街道与广场认知	了解	
		3	中心区认知	了解	
		4	城市特色区认知	了解	
2	建筑认识实习	1	古典园林认识	了解	1周
		2	城镇建筑	了解	
		3	建筑师作品	熟悉	
		4	优秀、特色传统建筑	了解	
3	素描实习	1	自然背景建筑物速写	掌握	2周
		2	自然背景建筑物素描	掌握	
		3	城市背景建筑物速写	掌握	
		4	城市背景建筑物素描	掌握	
		5	城市公共广场及设施速写	熟悉	
		6	城市雕塑速写	熟悉	

续表

实践单元描述（9个）		实践技能点描述（45个）		要求	参考学时
4	色彩实习	1	自然背景建筑物轮廓	掌握	2周
		2	自然背景建筑物色彩写生	掌握	
		3	城镇背景建筑物速写	掌握	
		4	城镇背景建筑物色彩写生	掌握	
		5	城市公共广场及设施色彩写生	熟悉	
		6	城市雕塑色彩写生	熟悉	
5	计算机实习	1	软件建模	掌握	1周
		2	软件渲染	掌握	
		3	图形、图像后期处理	掌握	
		4	软件排版	掌握	
		5	电子幻灯制作汇报文件	掌握	
6	建筑测绘实习	1	测绘知识、方法、工具概述	熟悉	2周
		2	测绘中对建筑物保护及人身安全意识	熟悉	
		3	绘制测稿	掌握	
		4	现场测量并记录数据	掌握	
		5	测量数据整理	掌握	
		6	绘制正图	掌握	
		7	绘制配景	掌握	
7	建筑快速设计训练	1	掌握建筑方案快速设计的方法要领	掌握	2周
		2	提高建筑方案快速设计的质量要领	掌握	
		3	增强建筑方案快速设计的成果表现要领	掌握	
		4	掌握建筑方案快速设计的基本操作	掌握	
8	工程实践/建筑设计院实习	1	在建筑师及工程师指导下完成一项中小型建筑工程设计项目全过程	熟悉	12周
		2	完成相关的工程设计图（其中施工图不少于8张A1图，或14张A2图）	掌握	
		3	了解建筑工程设计前期工作内容，如：工程立项、设计委托合同、收费标准，以及概算编制等	了解	
		4	实地了解施工现场布置原则及施工组织计划的编制与实施过程	了解	
		5	了解一般的施工要点和方法，以及施工与设计的关系	了解	
		6	完成部分设计图纸、文件的缩印复本并了解其制作，完成实习报告及设计院指导者详细评价	了解	
9	毕业实习	1	结合毕业设计课题调查同类建筑	了解	2周
		2	了解设计要点、步骤，搜集资料	熟悉	
		3	搜集、使用相关规范、标准、法规文件	熟悉	

"设计"的实践单元、实践技能点（16周） **表 2-1-3**

实践单元描述（2个）		实践技能点描述（15个）		要求	参考学时
1	建筑结构课程设计	1	设计资料分析及结构方案、类型选择	熟悉	2周
		2	结构计算	熟悉	
		3	验算	熟悉	
		4	结构图绘制	熟悉	
2	毕业设计	1	了解各方向选题：高层建筑、大跨建筑、影剧院建筑、建筑综合体、城市设计、遗产保护、CAAD与建筑等	熟悉	14周
		2	毕业设计调研	掌握	
		3	设计构思	掌握	
		4	中期检查	熟悉	
		5	设计深化	掌握	
		6	毕业答辩	掌握	
	毕业论文	1	选题背景与意义，研究内容及方法，国内外研究现状及发展概况	熟悉	
		2	利用有关理论方法和工具及手段，初步论述、探讨、揭示某一理论与技术问题，具有综合分析和总结的能力	掌握	
		3	主要研究结论与展望，有一定的创新见解	掌握	
		4	论文的撰写	掌握	
		5	外文资料翻译	熟悉	

注：

全国高等学校建筑学学科专业指导委员会组成人员名单（建人函［2010］68号）

主任委员：仲德崑

副主任委员：朱文一、吴长福、张颀、周畅、赵红红

委员：丁沃沃、王冬、王竹、王万江、吕品晶、刘塨、刘克成、刘临安、吴永发、李百浩、李晓峰、沈中伟、张成龙、张兴国、张伶伶、张建涛、张险峰、饶小军、郝赤彪、梅洪元、韩冬青、魏春雨（按姓氏笔划排序）

附：

关于加强建筑学（本科）专业城市设计教学的意见（试行）

编者按：为贯彻落实 2015 年中央城市工作会议精神，“让我们的城市建筑更好地体现地域特征、民族特色和时代风貌”，加强城市设计管理，提升城市设计水平，推动高校建筑类专业城市设计教学和人才培养，拟在高校本科建筑学、城乡规划、风景园林三个专业中加强“城市设计”课程的教学，在研究生层面开设城市设计专业。此《意见》由全国高等学校建筑学学科专业指导委员会于 2015 年 12 月编写完成，提出了城市设计应作为核心专业课程列入本科中、高年级教学计划，明确了相应的教学内容、学时数要求。

1. 加强城市设计教学的意义

20 世纪以来，全球文明持续发展，城市化进程加速。中国城市设计的研究相对发达国家起步较晚，城市设计及其相关学科领域的发展加深了人们对城市的认识，直接影响人们对城市建设的实践活动。改革开放以来，中国经历了世界历史上最大规模和最快速的城镇化。伴随国家社会经济的高速发展、国民生活水平的不断提高，社会各界开始对与城市设计直接相关的城市人居环境及空间形态、公共活动场所品质改善提出更高的要求。

2015 年 12 月的中央城市工作会议预示中国的城市发展进入新一阶段，会议提出：要建设和谐宜居、富有活力、各具特色的现代化城市；要在规划理念和方法上不断创新，增强规划的科学性和指导性；要加强城市设计，留住城市特有的地域环境、文化特色、建筑风格等“基因”。中央领导提出“让我们的城市建筑更好地体现地域特征、民族特色和时代风貌”的要求，给规划和设计行业提出了高标准，也为城市设计人才提供了广阔的舞台，城市设计的学科发展和专业完善任重道远。

城市设计是建筑学专业教育的重要组成部分。城市设计（英文 Urban Design）主要研究城市空间形态的建构机理和场所营造，是以城镇发展建设中的空间组织和优化为目的，运用跨学科的途径对包括人、自然、社会及工程建设等要素在内的城市人居环境的三维立体设计。

在中国，城市设计不仅具有建筑类人才培养知识体系建构的必要性，而且具有与法定城市规划实施和管理、建筑工程、园林绿化和基础设施建设的密切相关性。城市设计的工作介于建筑设计与城市规划及景观设计之间，主要考虑城市的特色风貌、空间形态、公共空间体系以及人性化场所的营造，一般通过形态设计、设计导则和政策导引方式与建筑设计的工作直接相关。城市设计是塑造城市物质及空间形态的重要技术手段和管控方式，其在城市发展中的重要性不言而喻。

2. 城市设计课程的学时设置

城市设计应作为核心专业课程列入中、高年级教学计划，并开展相应的课程建设。建议 128 学时，包括知识教学、实践与创新等，各校可在《高等学校建筑学本科指导性专业规范》(2013 年版) 总学时范围内整合教学和学时分配。

3. 城市设计课程教学内容

教学内容包括知识和设计两部分。

3.1 知识讲授部分包括

(1) 城市设计的概念、目标、趋势

(2) 城市的物质、空间、景观要素

如土地、空间布局、道路、开放空间、建筑形态、城市色彩等。

(3) 城市设计的历史发展

西方城市设计发展的典型时期，中国古代、现代城市设计。

(4) 城市设计的基础理论

现代城市功能，田园城市和新城，人文社会设计理论，自然生态设计理论，城市设计的整体理论等。

(5) 城市设计的编制

城市设计编制和研究类型，城市设计内容，城市设计的程序要求，不同规模层次的城市设计编制要点。

(6) 典型城市要素类型的设计

城市街道空间，城市广场空间，城市中心区，城市绿地及系统，城市建筑综合体等。

(7) 城市设计的分析方法

城市设计的空间分析方法，城市设计的社会调查方法，城市设计的数字技术辅助方法等。

(8) 城市设计的组织、实施

城市设计的公共参与，城市设计的机构组织，城市设计与城市规划管理的衔接等。

3.2 设计能力部分包括

(1) 应具备城市设计、学术研究、交流与协作等方面的基本能力，可通过城市设计课题训练获得。

(2) 能掌握一定复杂程度的城市设计规律，通过发现、解析和研究城市设计相关问题，有针对性地完成涉及城乡规划、建筑设计、历史建筑保护设计、风景园林设计等的城市设计方案。

(3) 具有运用相关软件进行数字建筑设计的能力。

（4）具有将城市设计理论知识以及建筑技术、标准规范、法律法规等相关知识与建筑设计紧密结合的能力。

（5）具有对实际项目进行城市设计、建筑设计、历史建筑保护设计、建筑技术设计等方面的策划与设计的能力。

4. 城市设计创新训练教学

城市设计教学应培养学生适宜的创新思维能力，在课程教学和专业实践中进行在理性分析基础上的城市设计创新训练以及从不同学科角度出发、考虑、合作，在城市设计中应用新方法和新技术（如虚拟现实技术等），城市设计与其他学科（如环境行为学科）的交叉发展等。

提倡和鼓励各规划院校参加城市设计课程作业交流和评优活动，并组织学生参加国际和国内的校际联合城市设计课程及竞赛。

附录：本科“城市设计及知识”课程教学示例

总学时：64＋16（设计＋知识）

一、教学目的与要求

“城市设计”课程是一门学位课（必修课）。课程通过了解城市设计起源与传统，熟悉城市空间及实体类型及其构成要素，辨识城市的组织结构特征，结合城市设计案例的讲解，熟悉城市设计的主要理论与流派，了解城市设计的研究与编制方法，掌握城市设计的空间控制技术。

二、课程教学内容与学时分配

城市设计用地及周边踏勘：2 学时

实地调研：6 学时

资料收集：2 学时

案例分析：2 学时

调研报告汇报：4 学时

城市设计策略提出：4 学时

方案形成与专题研讨：20 学时

成果编制（文本、图纸）：20 学时

方案汇报演示：4 学时

城市设计的概念与定义：2 学时

城市设计的历史：2 学时

现代与当代的基本城市设计理论：2 学时

城市设计的对象要素：2 学时

城市设计的调研分析：2 学时

典型类型对象的城市设计：2 学时

城市设计的组织与实施：2学时

城市设计的编制：2学时

三、课程教学重点、难点及注意的问题

课程重点是城市设计理论与方法。

对建筑类专业的本科学生而言，课程难点是城市设计环节中的调研分析及其报告撰写和城市设计相关知识的综合运用。

注：

建筑学硕士专业学位基本要求（2015 年版）

编者按：为保证我国学位授予质量，国务院学位委员会第二十八次会议决定，组织专家研究制定《博士、硕士学位基本要求》。《基本要求》是研究生学位授予应该达到的基本标准。《基本要求》按照保证质量、体现特色、突出能力的原则，根据专业学位人才培养特点及社会需求、知识结构、综合素质、实践训练与能力、与职业资格的相互衔接等方面研究制定。为学位授予单位保证学位授予质量、导师指导研究生学习提供参考依据。

第一部分　概况

1992 年，我国建立了建筑学专业教育评估制度，建筑学成为最早实行专业教育评估和专业学位的学科之一，并与注册建筑师资格考试制度相衔接。根据 1992 年国务院学位委员会第十一次会议通过的《建筑学专业学位设置方案》，通过建设部评估的建筑设计及其理论专业硕士学位授权点，并在评估合格有效期内的，可授予建筑学硕士学位。1995 年，首批建筑院校通过建筑学硕士专业教育评估，同年授予毕业生建筑学硕士专业学位。2011 年国务院学位委员会《关于建筑学硕士、建筑学学士和城市规划硕士专业学位授权审核工作的通知》规定，新增建筑学硕士学位授权单位须首先通过住房和城乡建设部“全国高等学校建筑学专业教育评估委员会”的评估，并在评估合格有效期内提出新增为建筑学专业学位授权单位的申请。

1. 建筑学硕士专业学位内涵

建筑学硕士专业学位作为专业学位，其核心要求是掌握具有一定复杂程度的工程项目的建筑设计原理、规律和创造性构思；建筑设计的技能、手法和表达以及历史建筑保护设计、建筑技术设计、城市设计等工程项目的设计。建筑学硕士专业学位的教学体系以建筑设计为主干，同时注重设计实践的训练。

2. 建筑学硕士学位服务领域

建筑学硕士专业学位的培养目标是造就具有建筑设计与研究能力的应用型、复合型、高层次专门人才。建筑学硕士学位毕业生可从事具有一定复杂程度的工程项目的建筑设计以及历史建筑保护设计、建筑技术设计、城市设计等工作，此外还可在城乡建设、规划行政主管部门，建筑施工企业、房地产开发企业、工程建设咨询、教学研究机构等单位从事专业技术管理工作。

3. 建筑学硕士学位发展趋势

从生源方面来看，建筑学硕士生人才培养呈现出多专业背景生源的特点。不同专业背景的本科毕业生，特别是城乡规划和风景园林专业的毕业生，可以选择攻读建筑学硕士生。从行业需求方面来看，2009 年以来，我国建筑学硕士生培养规模不断加大，建筑设计行业对硕士等高层次人才的需求也越来越大。这预示着建筑学硕士专业学位与职业建筑师制度的衔接将会越来越紧密。这些都将对建筑学硕士专业学位的设置与建筑学专业人才的培养提出新的挑战。

第二部分　硕士专业学位基本要求

一、获本专业学位应具备的基本素质

应恪守学术道德规范，养成良好的学术素养和职业精神。

1. 学术道德

恪守学术道德规范，尊重相关学科知识产权；力避重复研究，严禁以任何方式漠视、淡化、曲解乃至剽窃他人成果；应遵循学术研究伦理，具有社会责任感，借助学科知识服务于社会发展和文明进步。

2. 专业素养

能够将建筑学理论研究与设计实践结合起来思考问题，具备一定的学术观察力，具有扎实开展实地调研和归纳分析的能力；具有较好的综合素质和创新精神，增强创新创业能力。

3. 职业精神

具有明确的建筑师职业理想、严格的建筑师职业纪律、高尚的建筑师职业良心以及良好的建筑师职业作风，在建筑设计创作与实践中体现敬业、勤业、创业、立业的职业精神。

二、获本专业学位应掌握的基本知识

应掌握的基本知识包括建筑设计知识和专业理论知识两部分。

1. 建筑设计知识

建筑设计知识包括：建筑设计的原理、规律和创造性构思，建筑设计的技能、手法和表达以及历史建筑保护设计、建筑技术设计、城市设计的原理和方法等；还涉及建筑技术、标准规范、法律法规等专业知识；工程建设基本程序以及从工程项目立项到设计、施工全过程的有关规定和要求等建筑设计实践与执业能力方面的专业知识。

2. 专业理论知识

专业理论知识包括：建筑设计及其理论，包括建筑设计理论与方法、建筑美学、建筑评论、环境行为学理论、城市设计理论等；建筑历史与理论，包括中国建筑历史与理论、西方建筑历史与理论、西方现代建筑理论以及当代西方建筑思潮等；建筑技术科学，包括建筑物理环境理论、建造技术、绿色建筑技术、建筑与信息技术等；城市设计及其理论，包括城市设计历史、城市设计理论与方法、城市空间理论、生态城市理论等。

三、获本专业学位应接受的实践训练

应通过建立联合培养实践基地、确定双导师培养模式、制定联合培养方案等实践训练措施来完成。建筑学硕士专业学位培养的学制一般为两年至三年。其中，研究生在联合培养基地进行专业实践的时间不少于半年。

1. 实践训练目标

研究生通过参与建筑设计、历史建筑保护设计、建筑技术设计和城市设计的实践项目，熟悉工程项目各专业配合、协调的方式和方法，了解建筑项目实施过程中与业主方沟通互动的方法，了解建筑项目从审批到施工的过程，认知职业建筑师在建筑行业中的角色定位，为将来的建筑师执业或设计研究奠定基础。

2. 设计实践课程

完成一定的设计实践课程，内容分为建筑设计、历史建筑保护设计、建筑技术设计和城市设计。建筑设计实践课程应以具有一定复杂程度的建筑工程项目为题，完成相应的建筑方案设计、初步设计、施工图设计等；历史建筑保护设计实践课程应以具有一定复杂程度的历史建筑保护项目为题，完成相应的历史建筑保护设计；建筑技术设计实践课程应以建筑技术方面的研究为基础选择题目，完成建筑设计方案的技术支持研究以及相应的建筑设计；城市设计实践课程应以具有一定复杂程度的项目为题，完成城市设计研究以及相应的建筑与城市设计。

实践设计课程的成果要求为：A0 图纸 4 张，设计研究报告 3000 字。

四、获本专业学位应具备的基本能力

应具备建筑设计、设计方法、研究方法、交流与协作等方面的基本能力。

1. 建筑设计

具有将建筑理论知识以及建筑技术、标准规范、法律法规等相关知识与建筑设计紧密结合的能力；具有对实际项目进行建筑设计、历史建筑保护设计、建筑技术设计或城市设计等方面的策划与设计的能力；掌握工程建设基本程序以及从工程立项到设计、施工全过程的有关规定和要求。

2. 设计方法

掌握具有一定复杂程度建筑的设计规律，通过发现、解析和研究建筑问题，有针对性地完成建筑设计、历史建筑保护设计、建筑技术设计或城市设计方案；掌握相关领域的知识和技能，具有运用相关软件进行数字建筑设计的能力。

3. 研究方法

掌握相关学科领域知识，具有针对一定复杂程度项目进行建筑设计研究的能力；具备独立完成文献综述的能力，能够跟踪学科发展前沿中的建筑现象与问题；掌握空间与社会调查方法，能够发现实际建筑问题，并具有分析和归纳的能力。

4. 交流与协作

能运用特定的语言进行准确、清晰而富有层次的口头表达和文字表达，简单讲解和展示建筑设计方案，并能独立回答同行质疑；应具有使用外语进行专业交流的能力；具有良好的团队精神以及开展合作设计研究的能力和一定的组织与协调能力。

五、学位论文基本要求

学位论文采用研究性设计与相关论文相结合的方式完成。

1. 选题要求

毕业设计和论文选题应为体现学科前沿或国家建设前沿的课题，应是来自具有一定复杂程度的实际工程项目或其中的课题，包括建筑设计、历史建筑保护设计、建筑技术设计和城市设计等类型。针对毕业设计和论文选题，鼓励跨学科或交叉学科，综合运用各学科的理论知识和研究方法，解决实践中的问题。文献检索也是毕业设计和论文选题的重要组成部分，检索要追溯到选题的起点文献；要有对选题涉及的代表性学术专著和专论的评价。

2. 学位论文形式和规范要求

毕业设计和论文要求完成不少于6张A0规格图纸的研究性设计，以及与其相关的不少于2万字的专题研究论文一篇，由学校与联合培养实践基地专家组成的答辩委员会针对毕业设计和论文进行设计评图和论文答辩。毕业设计和论文的核心学术概念要明确、严谨、有效，原则上只能来自学科内公认的学术论著对概念的阐释。引文和注释要符合规定的写作格式规范要求，引证全面，不断章取义和歪曲引用。

3. 毕业设计和论文水平要求

毕业设计和专题研究论文的基本理论依据或前提应可靠；选题或问题的提出对本学科某一方面的发展应有所启示，或通过毕业设计和专题研究论文获得的新认识及结论对本学科某一方面的发展应有所启示，或所提供的设计方案和研究方法对本学科某一方面的发展应有所启示。

六、本专业硕士学位的获得

全国高等学校建筑学专业教育评估委员会于2013年修订颁布的《全国高等学校建筑学专业教育评估文件》中提出：建筑学专业毕业获得学士学位并在通过建筑学专业评估的建筑学专业硕士点毕业者，授予建筑学硕士专业学位；获非建筑学专业学士学位的，须补修完建筑学专业学士学位有关必修课程，并在通过建筑学专业评估的建筑学专业硕士点毕业者，授予建筑学硕士专业学位。

不同专业背景的学士学位获得者考取建筑学硕士专业学位研究生后，应实行分类培养方案：A类建筑学学士学位获得者，应完成2门及以上的建筑设计以及建筑保护设计或建筑技术设计或城市设计课程。B类建筑学专业工学学士学位获得者，应完成3门及以上的建筑设计以及建筑保护设计或建筑技术设计或城市设计课程。C类城乡规划、风景园林专业工学学士学位获得者，应完成4门及以上的建筑设计以及建筑保护设计或建筑技术设计或城市设计课程。D类非建筑类专业学士学位获得者，应完成6门及以上的建筑设计以及建筑保护设计、建筑技术设计或城市设计课程。

注：编写成员

丁沃沃、孔宇航、王建国、王晓、刘克成、孙一民、庄惟敏、朱文一、汤羽扬、何志方、冷红、吴长福、吴晓、张建涛、张颀、汪恒、周政旭、范悦、赵万民、赵继龙、桂学文、曹亮功、曹跃进、梅洪元、黄秋平、傅英杰、翟辉、薛明、戴俭。

建筑类专业硕士研究生（城市设计方向）教学要求（试行）

编者按：随着城市建设的快速发展，为“加强对城市的空间立体性、平面协调性、风貌整体性、文脉延续性等方面的规划和管控，留住城市特有的地域环境、文化特色、建筑风格等基因”，改变我国“千城一面”的现状，城市设计管理、专业建设、人才培养已进入一个“快车道”。2015年12月由全国高等学校建筑学、城乡规划学、风景园林学三个学科专业指导委员会共同研究决定在建筑类专业硕士研究生培养中增设“城市设计专业方向”，并制定了相应的专业教学要求。

1. 概述

1.1 概念

城市设计（英文 Urban Design）主要研究城市空间形态的建构机理和场所营造，是以城镇发展建设中的空间组织和优化为目的，运用跨学科的途径，对包括人、自然、社会及工程建设等要素在内的城市人居环境的三维立体设计。

在中国，城市设计不仅具有学理层面的建筑类人才培养知识体系建构的必要性，而且具有与法定城市规划实施和管理、建筑工程、园林绿化、基础设施建设的密切相关性。它是介于城市规划、风景园林设计与建筑设计之间的一种设计。相对于城市规划偏重宏观资源分配、土地利用和基础设施安排，城市设计一般会更具体地考虑城市的特色风貌、空间形态、公共空间体系以及人性化场所的营造。

1.2 专业发展情况

城市设计是一门正在不断完善和发展的学科。19世纪法国巴黎的改建和美国芝加哥的“城市美化运动”反映了第一代城市设计中注重物质环境和形态美学的理念。20世纪初“现代主义”城市设计结合社会经济发展，关注现代城市发展中的新问题和新功能，主张通过科技进步改善人居环境的品质。20世纪50年代后，城市设计更多考虑多元化的地域特色、场所精神、社区性和人性化场所营造。1992年联合国环境和发展大会上发表的《里约宣言》，影响了近20多年来的城市设计发展，生态优先和可持续发展逐渐成为城市设计新的指导思想。今天的城市设计已不仅仅是对传统的城市视觉形象的关注，而是广泛包含了自然、社会、经济、历史和文化等在内的综合视角，其创造性而富有实效的工作促进了城市人居环境的健康发展。

中国建筑教育中的城市设计教学始于20世纪80年代，当时一些高校相继开展城市设计方面的研究，建设部派遣专门人员赴美学习城市设计，城市设计课程也以此为起点而有所发展。

随着人们对城市设计的认识日益深化以及建筑学、城乡规划学和风景园林学专业评估制度的实施，城市设计专业的重要性得到越来越多的学校的重视。今天全国设置建筑类专业的学校的研究生课程体系中大都加入了城市设计的授课内容，并成为众多院系开展建筑类国际联合教学的主要课程载体，与此同时，相应的城市设计教材和教学参考书也相继出版。

1.3 学科在国家建设中的地位和作用

20世纪以来，全球文明持续发展，城市化进程加速，但城市环境建设毁誉参半。中国城市设计的研究虽起步较晚，但与西方关注热度日益降低的情形不同，中国城市设计呈现出持续健康发展的态势，国家和社会关注度日益提高，工程实践活动日益繁荣并直接影响了我国量大面广的城市建设。2015年12月21～22日召开的中央城市工作会议进一步提出“要加强城市设计，提倡城市修补”的号召。同时强调“要加强对城市的空间立体性、平面协调性、风貌整体性、文脉延续性等方面的规划和管控，留住城市特有的地域环境、文化特色、建筑风格等基因”。从各方面看，城市设计的专业建设和发展已经进入了一个“快车道”，不难预见，城市设计人才培养和专业教育必将为城市人居环境的改善和建设发挥更加重要而基础性的作用。

1.4 主干学科和相关学科

建筑类专业（城市设计方向）的主干学科包括建筑学、城乡规划学、风景园林学。

建筑类专业（城市设计方向）的相关学科主要包括：设计学（Design，一级学科，代码1305）、美术学（Fine Studies，一级学科，代码1304）、生态学（Ecology，一级学科，代码0713）、土木工程（Civil Engineering，一级学科，代码0814）、计算机科学与技术（Computer Science & Technology，一级学科，代码0812）、交通运输工程（Science of Traffic & Transportation Engineering，一级学科，代码0823）、环境科学与工程（Environmental Science & Engineering，专业类，代码0830）、地理学（Geographical Science，一级学科，代码0705）等。

1.5 特点

城市设计是建筑学、城乡规划学和风景园林学共有的基础理论、方法技术和知识类课程。就设计研究对象和设计师能力培养而言，硕士研究生城市设计课程是建筑类设计人才培养的高级教学阶段，属于城市设计的“博雅”教育。

建筑类（城市设计方向）硕士研究生教学内容由设计/规划能力培养、专业知识体系学习、实践体系和创新能力培养等方面构成。相应的主要教学方式为设计/规划课、理论教学、实践训练、创新能力培养等。

1.5.1 学科特点和执业实践特点

建筑类（城市设计方向）研究生专业、学科主要是秉承持续发展的原则，针对城乡人居环境，从城市乡镇、建筑物群体、建筑单体到植物地景等物质空间的功用布局、内外形象进行设计/规划；专业内容具有鲜明的设计类学科特点：强调工程实践与学术理论、实用与美观、科学技术与社会人文、成熟经验与不断创新等因素对比协调、综合考虑，注重发现问题、分析问题、协调解决问题的能力。评价标准有功能使用、形象审美、空间体验、经济效益、社会效应等角度，多元而有共性，丰富而不唯一。

建筑类（城市设计方向）学科硕士研究生教育主要培养有较强社会执业实践能力的专业人才（如执业医师、执业律师等），其核心专业课教学明显区别于其他文理学科的教学，多采用“案例式研究学习（Case Study）”、“案例式模拟实践（Case Practice）”等方式，对未来执业做好知识准备、技能预演。

1.5.2 教学特点

本专业人才培养的教学特点主要有：

注重实体与空间的设计/规划，既注重功用合理、牢固、经济，也讲求形式观感、空间体验和社会效果等。

将理工学科与人文学科，技术与艺术，逻辑思维与形象思维、发散思维，合理、优化与美观等相结合。

师生比较大。课堂教学中师生间针对性的相互探讨程度深；根据学生的不同特点，因材施教。

围绕案例/模拟案例展开研究学习（Case Study）或模拟实践（Case Practice）。

突出综合创新、创意能力等。

2. 适用学科范围

2.1 学科代码

根据国务院学位委员会、教育部印发的《学位授予和人才培养学科目录（2011年）》，相应的学位和学科是“工学”门类（代码08）中的“建筑学”[1] 一级学科（代码0813，可授工学学位）、“城乡规划学”一级学科（代码0833，可授工学学位）、“风景园林学”一级学科（代码0834，可授工学、农学学位）；另在《专业学位授予和人才培养目录》中，对

[1] 在《普通高等学校本科专业目录（2012年）》中，“建筑学”（Architecture，代码082801）、“城乡规划”（Urban and Rural Planning，代码082802）、“风景园林”（Landscape Architecture，代码082803）三专业属“工学”（Engineering，代码08）学科门类（Field of Study）下的“建筑类”（Architecture，代码0828）。

应的专业学位有“建筑学”（代码 0851，可授予学士、硕士专业学位）、“城市规划”（代码 0853，可授予硕士专业学位）、“风景园林”（代码 0953，可授予硕士专业学位）。

2.2 适用的学科专业

“建筑学”一级学科（代码 0813，可授工学硕士学位；代码 0851，可授建筑学硕士专业学位）。

“城乡规划学”一级学科（代码 0833，可授工学硕士学位；代码 0853，可授城市规划硕士专业学位）。

“风景园林学”一级学科（代码 0834，可授工学、农学硕士学位；代码 0953，可授风景园林硕士专业学位）。

3. 培养目标

3.1 培养目标

建筑类专业（城市设计方向）硕士研究生是培养具有扎实的建筑专业知识，具备规划、设计实践能力，创造性思维和开放的视野，有社会责任感和团队精神以及可持续发展和文化传承理念，能适应国家经济发展、城乡建设需要，主要在城市设计、建筑设计、城乡规划与管理、风景园林规划等专业领域的设计、教学、科研、管理等企事业单位和政府部门，从事具有一定复杂程度的城市设计、建筑设计、城乡规划、风景园林规划、历史建筑保护设计、教学与研究、开发与管理等工作的高级专门人才。

3.2 学校制定相应专业培养目标要求

各高校应根据上述培养目标和自身办学定位，结合学校的专业基础和学科特色、区域和行业特点以及学生未来发展，细化人才培养目标。

各高校还应根据科技及经济、社会持续发展的需要，对人才培养质量与培养目标的吻合度进行定期评估、修订，适时调整专业发展定位和人才培养目标。

4. 培养规格

4.1 学制

2～3 年。[1]

[1] 根据本科所学专业的课程定。

4.2 授予学位[1]

工学硕士、建筑学硕士、城市规划硕士、风景园林硕士、农学硕士等。

4.3 总学时或学分建议

三年制总学时约 500（总学分约 30）。各校可根据实际情况适当调整。

4.4 人才培养基本要求

包括知识要求、能力要求、素质要求，实践训练。

4.4.1 专业知识要求

在本科先修城市设计基础知识的基础上，较为系统地学习城市设计理论知识。掌握城市设计及其理论，包括城市设计历史、城市设计理论与方法、城市空间理论、生态城市理论、风景园林规划设计理论与方法等。掌握城市设计的技能、手法和表达。掌握城市设计的创新思维。

熟悉城市的多重相关社会属性；熟悉并能够运用城市设计的手段去处理城市规划设计中三维空间形态的问题以及多用户群体和社区活力的问题；熟悉风景园林中自然要素与城市建成环境相关性的系统认知和实践运用以及城市的历史脉络、文化特色/功能建构、环境连续性、城市活力及城市设计实施操作的社会背景等。不同的专业背景对以上知识点的教学有所侧重，以利形成特色。

熟悉建筑设计、历史建筑保护设计、城乡规划、风景园林设计等各专业领域的基本知识。

熟悉建筑设计及其理论，包括建筑设计理论与方法、建筑美学、建筑评论、环境行为学理论、城市设计理论等。

熟悉建筑历史与理论，包括中国建筑历史与理论、西方建筑历史与理论、西方现代建筑理论等。

熟悉城乡规划及其理论，包括城乡规划与设计的概念、原理和方法，城市发展与规划历史，城市更新与保护的理论和方法，城乡建设空间形态、美学、设计技法等的一般知识，城乡可持续发展的基础知识，区域分析与规划的理论与方法，城乡规划设计与表达方法，相关调查研究与综合表达方法与技能，城乡规划编制与管理的法规、技术标准等，城乡道路与交通系统规划的基本知识与方法，城乡市政工程设施系统规划的基本知识与技能。

熟悉风景园林设计及其理论，包括风景园林设计及艺术理论、景观生态学、东西方风景园林历史与理论等。

熟悉城乡规划、建筑设计、风景园林设计实践与执业能力方面的专业知识。

---

[1] 建筑学专业可申请参加专业教育评估，通过后可授予建筑学硕士学位。

熟悉城乡规划、工程建设基本程序。

了解建筑标准规范、公园设计规范等城乡建设相关法规、方针和政策。

了解建筑技术科学，包括建筑物理环境理论、建筑构造技术、绿色建筑技术、绿色规划设计及建造技术、建筑与信息技术等。

了解建筑技术，包括建筑力学、建筑结构、建筑构造、园林工程等基本知识。

了解土木工程、环境工程、经济学、管理学等方面的基本知识。

了解建筑管理、建筑经济的基本知识。

了解可持续发展的基本知识。

4.4.2 能力要求

应具备城市设计、设计方法、研究方法、交流与协作等方面的基本能力。通过课题设计训练获得。

（1）设计能力

能掌握一定复杂程度的城市设计规律，通过发现、解析和研究城市设计相关问题，有针对性地完成涉及城乡规划、建筑设计、历史建筑保护设计、风景园林设计等的城市设计方案；具有运用相关软件进行数字建筑设计的能力；具有将建筑类（城市设计）理论知识以及建筑技术、标准规范、法律法规等相关知识与建筑设计紧密结合的能力；具有对实际项目进行建筑设计、历史建筑保护设计、建筑技术设计或城市设计等方面的策划与设计的能力。

（2）研究能力

掌握相关学科领域知识，具有针对一定复杂程度的项目进行建筑设计研究的能力；具备独立完成文献综述的能力，能够跟踪学科发展前沿中的建筑现象与问题；掌握空间与社会调查方法，能够发现实际建筑问题，并具有分析和归纳的能力。

（3）交流与协作

能进行准确、清晰而富有层次的口头和文字表达，简练讲解和展示建筑设计方案，并能独立回答同行质疑；具有使用外语进行专业交流的能力；具有良好的团队精神以及开展合作设计研究的能力和一定的组织协调能力。

（4）创新能力

具有开放的视野、批判的意识、敏锐的思维及相应的创新设计能力。

4.4.3 素质要求

具有本专业学位应具备的基本素质。恪守学术道德规范，养成良好的专业学术素养和职业精神。

4.4.4 实践训练

通过在实践单位并在导师的辅导培养下完成实践训练。在实践单位实践时间不少于4个月。

（1）实践训练目标

通过参与涉及城市规划、建筑设计、历史建筑保护设计、风景园林设计的城市设计实践项目，熟悉工程项目各专业配合、协调的方式和方法，了解建筑类（城市设计）项目实施过程中与业主方沟通互动的方法，了解建筑类（城市设计）项目从审批到施工的过程，认知自身在建筑行业中的角色定位，为将来的执业或研究工作奠定基础。

（2）设计实践课程

完成一定复杂程度的城市设计实践课程或城市设计研究，包括城乡规划、建筑设计、历史建筑保护设计、风景园林设计等。应以具有较复杂程度的城市设计项目为题，完成针对城市总体、城市片区或重点地段不同层次对象的城市设计。城市设计实践课程的成果为图纸、城市设计研究报告等。

4.5 学位论文基本要求

学位论文一般采用相关论文和研究性设计相结合的方式。

4.5.1 选题要求

毕业设计和论文选题应为体现学科前沿或国家建设前沿的课题，应是来自具有一定复杂程度的实际工程项目或其中的课题，包括城市设计、建筑设计、历史建筑保护设计、建筑技术设计等类型。针对毕业设计和论文选题，鼓励跨学科或交叉学科，综合运用各学科的理论知识和研究方法，解决实践中的问题。文献检索也是毕业设计和论文选题的重要组成部分，检索要追溯到选题的起点文献；要有对选题涉及的代表性学术专著和专论的评价。

4.5.2 毕业设计和学位论文形式和规范要求

毕业设计要求完成不少于6张A0规格图纸的研究性设计，相关论文要求完成1篇不少于2万字的专题研究论文，由学校与行业专家组成的答辩委员会针对毕业设计和论文进行设计评图和论文答辩。毕业设计和论文的核心学术概念要明确、严谨、有效，原则上只能来自学科内公认的学术论著对概念的阐释。引文和注释要符合规定的写作格式规范要求，引证全面，不断章取义和歪曲引用。

4.5.3 毕业设计和论文水平要求

毕业设计和专题研究论文的基本理论依据或前提应可靠；选题或问题的提出对本学科某一方面的发展应有所启示，或通过毕业设计和专题研究论文获得的新认识及结论对本学科某一方面的发展应有所启示，或所提供的设计方案和研究方法对本学科某一方面的发展有所启示。

5. 师资队伍

教学师资应由建筑学、城乡规划学、风景园林学相关专业的、具有硕士及以上学位、副教授以上技术职称的专职教师组成。城市设计理论课教师一般应具有博士学位，城市设计课教师应有一定的城市设计编制和工程实践能力。指导教师应符合国家对硕士指导教师基本要求。

建筑学一级学科设置说明

编者按：国务院学位办印发了新修订的《学位授予和人才培养学科目录（2011年）》，原建筑学一级学科，调整分设为建筑学、城乡规划学、风景园林学三个一级学科，顺应了城乡建设飞速发展对专业人才培养的需要。新的建筑学一级学科内的二级学科也进行了相应调整。该《设置说明》有助于理解建筑学博士、硕士、学士培养体系。

一级学科名称：建筑学（Architecture）

所属学科门类：工学

一、本学科简要概况

建筑学是一门人文、艺术和工程技术相结合的学科。主要研究建筑物及其空间布局，为人的居住、社会和生产活动提供适宜的空间及环境，同时满足人们对审美的需求。建筑物的建造遵循城乡规划的指导和规定，其外部空间组合应形成良好的外部空间环境。建筑学还涉及人的生理、心理和社会、行为等多个领域；涉及审美、艺术和文化等领域；涉及建筑结构和构造、建筑材料等多个领域以及室内物理环境控制等领域。

我国城市化快速发展，城乡建设和建筑业迅速增长。建筑学学科体系日渐完善，培养人数不断上升。

建筑学是全国最早实行专业教育评估和专业学位（Professional Degree）的学科之一，并与注册建筑师资格考试制度相衔接。由全国高等学校建筑学专业教育评估委员会与美、加等7个国际组织共同发起的在堪培拉签署的《建筑学专业教育评估认证实质性对等协议》，标志着我国建筑学专业教育水平和专业教育评估结论得到国际认可。

二、本学科培养目标

（一）博士学位：培养具有领导能力的建筑学高级研究、教育、科研及管理人才。具备本学科坚实宽广的理论基础和系统深入的专门知识，熟悉本学科国内外的研究现状，了解邻近学科的广博知识，善于发现学科的前沿性问题，并对之进行深入的原创性研究；至少掌握一门外语，能熟练使用本专业的外文资料，具有一定的写作和国际学术交流的能力；学位获得者可在高等院校、研究机构、建筑设计单位等从事和主持城市与建筑领域的教学、研究和建筑创作，也可在相关部门从事专业性管理等工作。

（二）硕士学位：培养高级建筑学专业型人才。具备本学科理论基础和基本知识体系及设计技能，具有较好的创造性思维和学术修养，了解本学科的基本历史与现状，具备独立进行建筑设计和研究的能力；较熟练地掌握一门外语并有能力使用本专业的外文资料；学位获得者可在建筑设计单位从事建筑设计和研究，可从事管理、教育、开发、咨询等方面工作，也可进一步攻读相关学科的博士学位。

（三）学士学位：掌握建筑学基本理论、基本知识和基本设计方法，获得建筑师基本训练，具备基本设计技能和初步研究开发能力，具有较强的综合文化素质和创新意识；学位获得者可在建筑设计机构从事设计工作，也可以继续攻读硕士学位。

三、本学科的主要研究方向及研究内容

建筑学的研究对象主要是建筑物及其空间环境的设计理论及方法，建筑物内外空间布局如何满足特定的社会性活动，建筑物的实体和空间如何使人获得美好感受，因而涉及相关的技术与艺术领域。建筑学的主要研究方向有：

（一）建筑设计及其理论

主要研究建筑设计的基本原理和理论，建筑设计的客观规律和创造性构思，建筑设计的技能、手法和表达以及与建筑设计相关的建筑美学、建筑环境心理学、建筑技术、建筑法规、建筑经济等。

（二）建筑历史与理论及历史建筑保护

主要研究中外建筑历史的发展、理论和流派，与建筑学相关的建筑哲学思想和方法论以及历史建筑遗产的保护和维修的工程技术。

（三）建筑技术科学

主要研究与建筑的建造和运行相关的建筑技术，建筑物理环境控制（建筑声学、光学、热工学），节能、绿色和生态建筑，建筑设备系统、智能建筑等综合性技术以及建筑构造等。

（四）城市设计及其理论

主要研究城市和建筑群体环境的综合设计、建筑外部空间的布局、城市交通的组织（包括步行体系）、城市空间环境气氛的营造以及人的活动安排等。

（五）室内设计及其理论

主要研究建筑室内的空间布局和划分，室内空间界面的色彩和装饰，室内家具的布置

和空间的陈设，室内空间环境气氛的营造等。

四、本学科的理论和方法论基础

建筑学的学科理论和方法论基础，一方面主要来自图学、力学和物理学等自然科学领域，水工、热工、电工等技术工程领域，美学、社会学、心理学、历史学、经济学、法律等人文学科领域；另一方面来自建筑设计理论、建筑历史理论、专业设计技能等自身特有的领域。具体包括建筑设计理论、建筑历史理论、工程技术理论、建筑法规知识和专业设计技能。

本学科核心课程如下：

（一）博士阶段：建筑设计综合理论，建筑学学术专题研究，建筑哲学和方法论，建筑设计理论与实践，城市设计理论与实践等。

（二）硕士阶段：现代建筑理论，建筑历史理论与实践，建筑遗产保护设计基础，建筑设计理论与实践，建筑设计专题研究，数字技术与建筑设计，建筑节能技术，建筑物理环境与可持续发展，建筑结构技术与建筑造型，现代城市设计方法，室内设计理论与方法等。

（三）学士阶段：建筑学概论，建筑设计基础，建筑设计，建筑设计原理，建筑力学，建筑结构与选型，建筑构造，建筑制图与表达，建筑物理（声、光、热），建筑设备（水、暖、电），城乡规划原理，外国建筑史，中国建筑史，计算机应用，建筑师业务等。

五、社会对该学科的中远期需求情况及就业前景

建筑业是社会经济发展的支柱产业，城市化进程的加速会带来对建筑业的旺盛需求。

有关研究预测，中国2020年GDP将翻两番，预计年均需要住房3亿～4亿平方米，建设用地1800平方公里，建筑耗能64亿千瓦时，土地开发资金2700亿～3600亿元。2007年，我国城市化水平已经达到45%，正处于快速城市化历史进程中的关键时期，具备比西方更优越的条件和迫切的需要来发展包括建筑学在内的城乡建设学科领域。社会对于建筑学人才，特别是硕士生、博士生等高层次人才的需求量逐年增加，毕业生就业状况普遍较好，就业率高达95%以上。

六、本学科的主要支撑二级学科

建筑设计及其理论；

建筑历史与理论及历史建筑保护；

建筑技术科学；

城市设计及其理论；

室内设计及其理论。

七、密切相关的现行一级学科

按 1997 年《学科、专业目录》，当时与建筑学一级学科（0813）有关的一级学科有：土木工程（0814）、材料科学与工程（0805）、管理科学与工程（1201）和交通运输工程（0823），在未来发展中还应有：城乡规划学和风景园林学。

八、增设一级学科的原因和理由

（一）传统的“建筑学”一级学科已经不能完全涵盖原所属二级学科“城市规划与设计（含风景园林规划与设计）”专业的内容，随着我国城市化进程的进一步加快和现代化城市建设的进一步发展，建筑学、城乡规划、风景园林规划与设计的各自特色以及它们的专业化发展将更加独立，增设“城乡规划学”与“风景园林学”二个一级学科势在必行。

（二）把原有“建筑学”一级学科调整为建筑学、城乡规划学、风景园林学三个并列的一级学科，它们仍是一个有着紧密联系的“人居环境科学”学科群。建筑学一级学科所属二级学科也相应调整为建筑设计及其理论、建筑历史与理论及历史建筑保护、建筑技术科学、城市设计及其理论、室内设计及其理论等五个二级学科，也是更为科学的学科体系。

建筑学专业教育评估

《全国高等学校建筑学专业本科（五年制）教育评估标准》（2013年版）

编者按：此评估标准由第五届全国高等学校建筑学专业教育评估委员会修订，住房和城乡建设部颁发。按照国际通行做法，1992年我国建立建筑学专业评估制度，这是注册建筑师执业资格制度的首要环节，以保证未来建筑师在高校受到合格的专业教育。通过专业评估院校的毕业生准予授予建筑学学士学位（1992年国务院学位委员会第十一次会议通过设置），且经过三年的职业实践后即可参加注册建筑师资格考试（1995年建设部、人事部关于全国注册建筑师资格考试的规定），比非建筑学学士学位毕业生提早两年。专业教育评估标准是对高等学校建筑学专业毕业生质量达标程度的认证，是合格的注册建筑师的基本专业教育标准。

一、建筑学专业本科教育评估指标体系

全国高等学校建筑学专业本科教育评估指标体系由一级指标、二级指标和三级指标三个层级构成。一级指标中的基本要求是全国普通高等学校本科教育均须达到的通用要求，专业教育质量、专业教育过程和专业教学条件是建筑学专业本科教育必须达到的专业要求。

全国高等学校建筑学专业本科（五年制）教育评估指标体系

一级指标	二级指标	三级指标
一、基本要求	1 德育标准	1.1 政治思想
		1.2 素质修养
		1.3 职业道德
	2 智育标准	2.1 公共课程
		2.2 计算机水平
	3 体育标准	3.1 体育达标率
		3.2 群众性体育
二、专业教育质量	1 建筑设计	1.1 建筑设计基本原理
		1.2 建筑设计过程与方法
		1.3 建筑设计表达
	2 建筑相关知识	2.1 建筑历史与理论
		2.2 建筑与行为
		2.3 城市规划与景观设计
		2.4 经济与法规

续表

一级指标	二级指标	三级指标
二、专业教育质量	3 建筑技术	3.1 建筑结构
		3.2 建筑物理环境控制
		3.3 建筑材料与构造
		3.4 建筑的安全性
	4 建筑师执业知识	4.1 制度与规范
		4.2 服务职责
三、专业教育过程	1 教学管理	1.1 教学计划与教学文件
		1.2 课程教学管理
	2 教学实施	2.1 课程教学实施
		2.2 教学实践
		2.3 毕业设计
四、专业教学条件	1 师资条件	1.1 教师结构
		1.2 教师工作及教学保障
	2 场地条件	2.1 设计课专用空间
		2.2 其他专用场所
	3 图书资料	3.1 图书
		3.2 期刊
		3.3 教学资料
	4 实验室条件	4.1 建筑模型室
		4.2 建筑物理实验室
		4.3 网络条件
	5 经费条件	5.1 教学经费
		5.2 奖助学金

二、建筑学专业本科（五年制）教育评估指标内容

全国高等学校建筑学专业本科教育评估指标内容，以条款方式体现，共计81项。其中，基本要求7项、专业教育质量34项、专业教育过程15项、专业教学条件25项。对每项条款的取证、评价见评估表Ⅰ、Ⅱ。

（一）基本要求

本项内容满足全国普通高等学校本科教育的基本要求，包括德育标准、智育标准和体育标准三方面，共计7项条款。

1. 德育标准

1.1 政治思想

（1）满足全国普通高等学校本科学生的政治思想教育要求和德育标准。

1.2　素质修养

（2）具有一定的哲学、艺术和人文素养及社会交往能力，具有环境保护和可持续发展的意识。

1.3　职业道德

（3）理解建筑师的职业道德和社会责任。

2. 智育标准

2.1　公共课程

（4）达到教育部主管部门对受评学校建筑学专业本科学生的要求。

2.2　计算机水平

（5）掌握计算机综合处理文字、图像、图形等信息技术的基本能力。

3. 体育标准

3.1　体育达标率

（6）符合全国高等学校本科教学工作水平评估要求中所规定的大学生体质健康标准合格率。

3.2　群众性体育

（7）培养学生良好的健身习惯。

（二）专业教育质量

本项内容是建筑学专业本科教育必须达到的基本专业要求，包括建筑设计、建筑相关知识、建筑技术、建筑师执业知识四个方面，共计34项条款。

本标准用“熟悉”、“掌握”和“能够”三个词来分别确定学生在毕业前必须达到的水平。“熟悉”指具有基础知识；“掌握”指对该领域知识有较全面、深入的认识，能对其进行阐述和运用；“能够”指能把所学的知识用于分析和解决问题，并有一定的创造性。

1. 建筑设计

1.1　建筑设计基本原理

（1）熟悉建筑设计的目的和意义，掌握建筑设计必须满足人们对建筑的物质和精神方面的不同需求的原则。

（2）熟悉功能、技术、艺术、经济、环境等诸因素对建筑的作用及它们之间的辩证关系。

（3）掌握建筑功能的原则与分析方法，能够在建筑设计中通过总体布局、平面布置、空间组织、交通组织、环境保障、构造设计等满足建筑功能要求。

（4）掌握建筑美学的基本原理和构图规则，能够通过空间组织、体形塑造、结构与构造、工艺技术与材料等表现建筑艺术的基本规律。

（5）掌握建筑与环境整体协调的设计原则，能够根据城市规划与城市设计的要求，对建筑个体与群体进行合理的布局和设计，并能够进行一般的场地设计。

（6）熟悉可持续发展的建筑设计观念和理论，掌握节约土地、能源与其他资源的设计原则。

1.2　建筑设计过程与方法

（7）熟悉建筑设计从前期策划、方案设计到施工图设计及工程实施等各阶段的工作内容、要求及其相互关系。

（8）掌握联系实际、调查研究、公众参与的工作方法，能够在调查研究与收集资料的基础上，拟定设计目标和设计要求。

（9）能够应用建筑设计原理进行建筑方案设计，能综合分析影响建筑方案的各种因素，对设计方案进行比较、调整和取舍。

（10）熟悉在设计过程中各专业协作的工作方法，具有综合和协调的能力。

1.3　建筑设计表达

（11）掌握建筑设计手工表达方式，如徒手画、模型制作等，能够根据设计过程不同阶段的要求，选用恰当的表达方式与手段，形象地表达设计意图和设计成果。

（12）能够用书面及口头的方式清晰而恰当地表达设计意图。

（13）掌握计算机辅助建筑设计（CAAD）的相关知识，能够使用专业软件完成设计图绘制、设计文件编制、设计过程分析、建筑形态表达等。

2. 建筑相关知识

2.1　建筑历史与理论

（14）掌握中外建筑历史发展的过程与基本史实，熟悉各个历史时期建筑的发展状态、特点和风格的成因，熟悉当代主要建筑理论及代表人物与作品。

（15）熟悉历史文化遗产保护和既存建筑利用的重要性与基本原则，能够进行建筑的调查、测绘以及初步的保护或改造设计。

2.2　建筑与行为

（16）熟悉环境心理学的基本知识，对建筑环境是否适合于人的行为有一定的辨识与判断能力；能够收集并分析有关人们需求和人们行为的资料，并体现在建筑设计中。

2.3　城市设计

（17）熟悉城市规划和城市设计理论和方法，掌握城市设计和居住小区规划的基本原理，并运用到设计中。

2.4　景观设计

（18）熟悉景观设计理论和方法，掌握景观设计的基本原理，并运用到设计中。

2.5　经济与法规

（19）熟悉与建筑有关的经济知识，包括投资估算、概预算、经济评价、投资与房地产等概念。

（20）熟悉与建筑有关的法规、规范和标准的基本原则及内容，具有在建筑设计中遵照和运用现行建筑设计规范与标准的能力。

3. 建筑技术

3.1　建筑结构

（21）熟悉结构体系在保证建筑物的安全性、可靠性、经济性、适用性等方面的重要作用，掌握结构体系与建筑形式间的相互关系，掌握在设计过程中与结构专业进行合作的内容。

（22）熟悉结构体系与建筑形式之间的相互关系，掌握常用结构体系在各种作用力影响下的受力状况及主要结构构造要求。

（23）能够在建筑设计中进行合理的结构选型，能够对常用结构构件的尺寸进行估算，以满足方案设计的要求。

3.2　建筑物理环境控制

（24）掌握自然采光、日照与遮阳、人工照明等设计原理，能够在建筑设计中保证满足相关标准的要求。

（25）熟悉建筑环境控制中声学环境标准，掌握噪声控制与厅堂音质等基本知识，能够在设计过程中运用这些知识。

（26）掌握自然通风的原理和围护结构热工性能的基本原理，熟悉建筑节能及绿色建筑的设计原理与方法，掌握建筑设计中节约能源的措施和节能设计规范的主要设计内容。

3.3　建筑材料与构造

（27）掌握一般常用建筑材料的性质、性能和成本差异，熟悉新型材料的发展趋势，能够合理选用围护结构材料和室内外装饰装修材料。

（28）熟悉常用建筑的构建体系和组成规律，掌握常用的建筑工程做法和节点构造及其原理，能够设计或选用建筑构造做法和节点详图，并熟悉其施工方法和施工技术。

3.4　建筑的安全性

（29）熟悉建筑安全性的范畴和相应要求，掌握建筑防火、抗震设计的原理及其与建筑设计的关系。

（30）熟悉建筑师对建筑安全性所负有的法律和道义上的责任。

4. 建筑师执业知识

4.1　制度与规范

（31）熟悉注册建筑师制度，掌握建筑师的工作职责及职业道德规范。

（32）熟悉现行建筑工程设计程序与审批制度，熟悉目前与工程建设有关的管理机构与制度。

4.2　服务职责

（33）熟悉有关建筑工程设计的前期工作，熟悉建筑设计合约的基本内容和建筑师履行合约的责任，熟悉建筑师在建筑工程设计各阶段中的作用和责任。

（34）熟悉施工现场组织的基本原则和一般施工流程，熟悉建筑师对施工的监督与服务责任。

（三）专业教育过程

本项内容是建筑学专业本科教育的必要保障，包括教学管理和教学实施两个方面，共计 15 项条款。

1. 教学管理

1.1　教学计划与教学文件

（1）教学计划应具有科学性、合理性、完整性。

（2）能根据社会科学技术发展和实际情况以及上次评估建议更新教学计划。

（3）鼓励在满足评估基本条件下，进行教学改革，发展自己的特色。

（4）各种教学文件，包括各门课程的教学大纲、教学进度表、作业指示书等翔实完备。

1.2　课程教学管理

（5）能执行教学计划。

（6）保证教学质量的各种规章制度完备，并能贯彻执行。

（7）教学档案及学生学习档案管理规范。

（8）各教学环节考核制度完备，并严格执行。

2. 教学实施

2.1　课程教学实施

（9）能根据教学计划，选用或自编合适的教材，重视教材建设。

（10）课程内容充实，教学环节安排合理，并能联系实际，反映现实社会需要与学科发展的前沿。

（11）教学方法注重培养学生的创造力和综合解决问题的能力。

2.2　教学实践

（12）各类实习完备，安排合理，对学生有明确的教学要求。其中设计院实习不少于 3 个月，美术实习不少于 1 个月。

（13）有足够的师资力量指导，对设计院实习应有明确的实习成果评定标准，以保证教学实践质量。

2.3　毕业设计

（14）毕业设计课题宜接近实际工程条件。选题的内容、难度和综合性均应高于课程设计，能涵盖本科教育中的主要知识点。

（15）有足够的讲师或讲师以上的教师以及相关专业的教师指导毕业设计，在教师的指导下，由学生独立完成自己的设计任务，提交完备的毕业设计文件。

（四）专业教学条件

本项内容是达到办学要求、保证教学质量的前提，包括师资条件、场地条件、图书资料、实验室条件和经费条件五个方面，共计 25 项。

1. 师资条件

1.1　教师结构

（1）根据教育部有关规定和建筑学专业特点，招生规模一般以每年 60～90 人为宜，不得低于 30 人。专职教师编制数应与招生人数相适应，专职教师与学生的比例以 1∶8～12 为宜。

（2）专职教师应具有大学本科及以上学历，具有研究生学历的教师的比例不低于 80％。

（3）具有副教授及以上职称的专职教师人数不低于本系（学院）专职教师总数的 30％，并有正教授 2 人及以上。

（4）专职教师中建筑设计专业教师不少于 10 人，其中至少应有教授职称者 1 人、副教授职称者 2 人。

（5）稳定的教学管理人员不少于 2 人。

1.2　教师工作及教学保障

（6）讲师及以上职称的专职教师能独立承担 80％以上的必修课，包括建筑设计、城市规划与设计、景观设计、建筑历史与理论、建筑技术和美术等。

（7）可以聘请有实际经验的高级建筑（工程）师作为兼职教师，承担主要专业课及主干课程的讲授任务，其数量不得超过本系（学院）专职教师总数的 20％。

（8）针对建筑设计课的教学安排，每 10～15 个学生应配备专任教师 1 人；每班（30 人）建筑设计课教师中讲师及以上职称者不少于 2 人。

（9）教师队伍有后备力量，基本形成梯队，科研方面较为稳定，开展相应的科研活动和建筑创作活动，并取得一定的科研成果。

2. 场地条件

2.1　设计课专用空间

（10）有专门用于建筑设计课教学的专用教室，每个学生有固定的设计绘图桌椅。

（11）有用以展示学生作业和教学成果的展览空间，并有足够的评图空间。

（12）有用于模型制作的作业场所。

2.2　其他专用场所

（13）有美术教室和多媒体教室，其数量及面积应满足学生使用要求。

（14）有建筑材料和构造的实物示教场所。

（15）有足够的、独立的图书期刊的阅览面积。

3. 图书资料

3.1　图书

（16）有关建筑设计、城市规划、景观园林、建筑历史、建筑技术及美术方面的专业书籍 8000 册以上，不少于 4 种语言文字。

3.2　期刊

（17）有关建筑学专业的中文期刊 30 种以上，外文期刊 20 种以上，不少于 4 种语言文字。

3.3　教学资料

(18) 有齐全的现行建筑法规文件资料及基本的工程设计参考资料。

(19) 有一定规模的教学数据库，包括电子文档、音像资料等。

(20) 有一定数量的教学模型。

4. 实验室条件

4.1　建筑模型室

(21) 能提供必要的模型制作工具，满足设计课教学基本要求。

4.2　建筑物理实验室

(22) 能提供必要的实验设备，如照度计、亮度计、声级计、信号发生器、频谱仪、温湿度计、风速计、数字电压表等，满足建筑物理课程规定必须开设的声学、光学和热学等教学实验任务。

4.3　网络条件

(23) 能提供必要的计算机及其他附属设备组成的网络系统。满足课程规定的教学任务及课程作业以及学生获取网络资源的要求。

5. 经费条件

5.1　教学经费

(24) 教学经费应能保证教学工作的正常进行。

5.2　奖助学金

(25) 提供必要的资助，保证每个学生完成学业。

附：

高等学校建筑学专业本科（五年制）教育评估程序与方法

一、评估程序框图

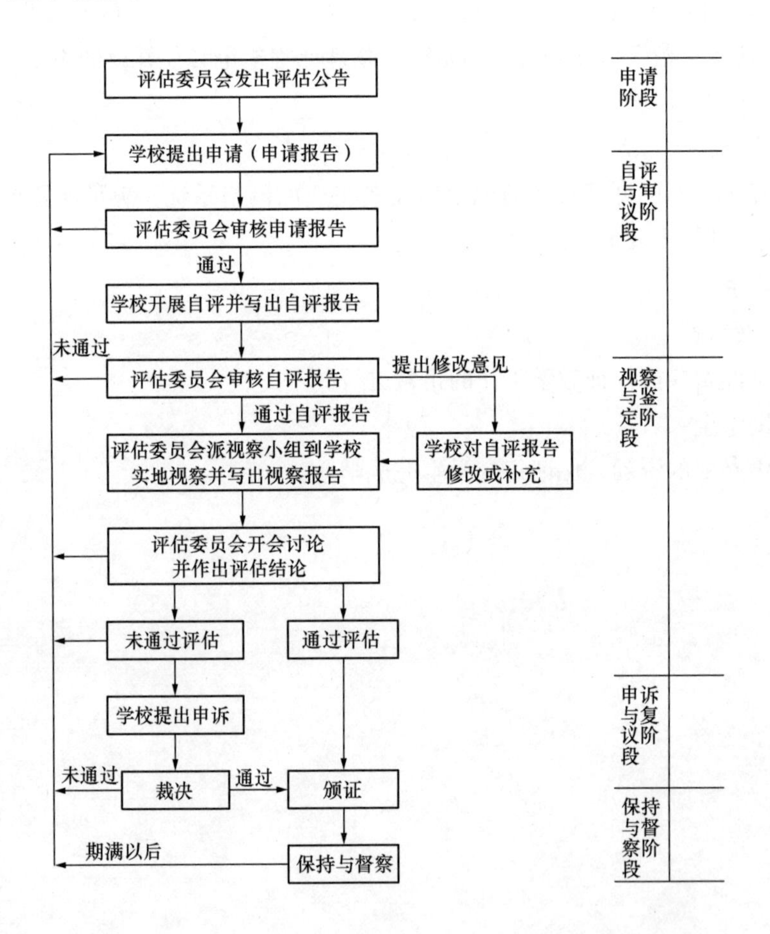

二、程序与方法

（一）申请与审核

1. 申请条件

1.1　申请单位须是经教育部批准的建筑学专业所在的高等学校。

1.2　申请学校从申请日起往前推算：

（1）创办专业时即是五年制的学校，必须有连续三届或三届以上的建筑学专业本科毕业生；

（2）创办专业时是四年制后改为五年制的学校（需有教育主管部门批准改学制的批文），必须有连续五届或五届以上且至少有一届五年制的建筑学专业本科毕业生。

1.3　申请学校的建筑学专业办学条件必须满足《全国高等学校建筑学专业本科（五年制）教育评估标准》（2013年版）中的有关要求。

2. 申请报告

申请学校应向评估委员会递交申请报告，申请报告内容为：

一、学校概况和院系简史

二、院系组织状况

三、师资状况及师生比

四、教学计划和教学情况

五、教学空间与设施

六、建筑学专业书刊状况

七、教学经费

在报告中应对上述所列各项内容进行说明并提供资料。

3. 申请审核

评估委员会收到学校申请报告后，即对申请报告进行审核，并作出审核决定：

（1）受理申请。即通知申请学校递交自评报告（时间见三、评估工作进程表）。

（2）拒绝受理。由于申请学校尚不具备申请评估的基本条件，或由于对其提出的问题的答复不符合要求，评估委员会可拒绝受理申请，并告知学校拒绝受理的理由。

在审核过程中，评估委员会有权要求申请学校对某些问题作出答复或进一步提供证明材料，或派视察人员进行实地审核。申请学校必须配合评估委员会的审核工作。

在提出申请以前，申请学校可以请求评估委员会进行指导和咨询，所需费用由申请学校负担。

申请及审核工作每年举行一次，各申请学校应在8月10日以前向评估委员会递交申请报告一份，评估委员会应在9月30日以前作出审核决定，并通知申请学校。

（二）自评与审查

1. 自评目的

自评是建筑学专业所在院系对自身的办学状况、办学质量的自我检查，主要检查办学条件、教学计划是否达到评估标准所规定的要求以及是否采取了充分措施，以保证教学计划的实施，教学成果达到评估标准要求。撰写自评报告是自评阶段的重要工作。自评报告是学校向评估委员会递交的文件，要对教学计划及其各项内容进行鉴别并加以说明，以备鉴定。

2. 自评方法

自评工作应由学校有计划地组织进行。

自评报告的产生应该自始至终体现真实性、客观性的原则，有关院系应该组织教师、学生和其他工作人员参与各项工作。

3. 自评报告的内容和要求

自评报告分八个部分，按顺序逐条陈述。自评报告应简明扼要、重点突出。报告中所陈述的论点应有翔实资料证明，以供审阅。

一、前言

二、办学思想、目标与特色

三、院系背景

四、教学计划

五、科研、实践及交流活动

六、对上届视察报告的回复及上次评估以来的主要变化和发展（首次评估无此项）

七、自我评价

八、附录

对各部分的内容及要求分述如下：

3.1　前言（最多1500字）

（1）所在高等学校背景

影响高等学校和建筑学院系特色的所在城市和地区的背景。高等学校的性质、隶属关系。

（2）院系的现状及历史

3.2　办学思想、目标与特色（最多2000字）

（1）建筑学专业办学历史。

（2）院系的办学思想、方法及目标。参照《全国高等学校建筑学专业本科（五年制）教育评估标准》（2013年版）（以下简称《评估标准》）说明院系对学生能力培养的明确要求。

（3）教学计划的特色。评估委员会鼓励各院系在保证建筑学专业基本培养目标的前提下发展具有特色的教学计划。报告可作特别的陈述。

3.3　院系背景（最多4000字）

（1）人员情况

学生：生源，学生的入学素质，学生的背景特色，招生人数。

教师：来源，专职教师人数，职称构成，年龄结构，学历结构，专业方向，专业背景，学缘结构，进修情况。兼职教师情况单独列出。

职工：人数，素质及参与的工作。

（2）图书资料及设施条件

图书资料：图书、期刊和教学资料等规模和发展状况。

教室：设计课专用教室、美术专用教室以及其他专用场所等规模和发展状况。

实验室：建筑模型室、建筑物理实验室、网络条件等规模和发展状况。

报告应着重说明以上各项资料及设备参与教学过程的状况。

（3）组织机构

院系行政及教学组织机构的设置，对教学计划的形成、执行的影响，有关决策过程和组织保证（如学术、学位、职称评定、分工管理等）。

（4）经费

教学经费的来源、数额及使用效果。

3.4　教学计划

（1）院系或所在高等学校能为建筑学专业教学计划提供的公共课程及人文学科方面的选修课程情况。

（2）建筑学专业教学计划，包括开设的必修和选修课程、学分以及任课教师和执行情况。

（3）按照《评估标准》的课程安排。

这是自评报告的核心内容，报告应着重说明围绕《评估标准》中“基本要求”和“专业教育质量”两个方面，共41项条款所设置的课程以及课程之间的相互联系，以证明所提供的学习内容能保证培养目标的实现。每一条款都应该分别提供相应教学环节和学生学习成果以示证明。

（4）课程建设情况。

建筑设计的主干课程建设情况，有特色的课程建设情况，包括师资配备、经费来源、教材建设、教学资料积累，并提供有关教学效果的充分证据。

（5）教学管理水平。

报告应陈述有关教学管理的情况，如各类教学文件的归档制度，学籍管理制度，保证教学计划实施的措施及执行情况的说明。

报告中所涉及的教学文件、文献资料、规章制度应做到有案可查，以备视察小组调用核查。

3.5　科研、实践及交流活动（近四年内）

（1）科研及学术活动

记述教师、学生在提高教学质量和形成办学特色等方面所做的学术科研活动和教学研究工作，并提供实际成果。

（2）生产及实践活动

记述教师、学生在促进学校与社会联系方面所做的生产实践工作，并提供实际成果。

（3）对外交流应记述院系参加国际、国内学术交流活动及其成果。

3.6　对上届视察小组报告的回复（首次评估无此项）

（1）上届视察小组报告（复印件）。

（2）学校对上届视察小组报告所提意见的逐项答复。

（3）对上届评估中未达到《评估标准》的项目所采取的改进措施及其效果。

3.7　自我评价

(1) 自评过程（最多1000字）

说明自评过程以及提供自评报告的真实性、客观性的证明。

(2) 自评总结（最多2000字）

围绕教学计划和培养目标，总结办学经验，明确建筑学专业所在院系的优势和薄弱环节，提出改进的措施及发展计划。

3.8 附录（以近四年为主）

(1) 教学文件：招生条件，教学计划，教学大纲，课时安排及主要内容（标题）以及任课教师的情况。

(2) 各年级正在执行的教学计划。

(3) 建筑学专业所在院系教师的名单、履历。

(4) 教育部对学校整体办学、教学工作的评价或评估结论，包括学校组织的有关德育、体育评估的结论及数据。

(5) 近五届毕业班外语四级考试通过率和外语平均成绩。

(6) 图书、期刊和教学资料等统计数据。

(7) 实验室主要设备清单。

(8) 历届毕业生反馈的有关资料。

(9) 督察员督察报告（首次参加评估的院校无此项）。

4. 自评报告的审阅

被受理申请评估院校应在次年1月15日前将自评报告交到评估委员会（评估委员会秘书处），评估委员会在收到自评报告后组织评估委员评审。3月15日前，应对自评报告作出评价，以鉴定自评报告内容满足《评估标准》的程度。评估委员会审阅自评报告后，可产生以下三种结论：

(1) 通过自评报告。并于5月中、下旬组织、派遣视察小组进行实地视察。

(2) 基本通过自评报告。对自评报告中少量不明确或欠缺的部分，要求申请学校在4月15日前进一步提供说明、证据或材料，根据补充后的情况再决定是否派遣视察小组。

(3) 不通过自评报告。自评报告的内容不能达到《评估标准》的要求。自评报告未通过，至此评估工作停止，申请学校在两年后方可再次提出申请。

（三）视察

1. 视察小组的组成与职能

视察小组是评估委员会派出的临时工作机构，其任务是根据评估委员会的要求实地视察申请评估院系的办学情况，写出视察报告，提出评估结论建议，交评估委员会审议。

视察小组成员由评估委员会聘请。

视察小组由4～6人组成，成员或多数成员应为评估委员会委员，评估委员会委员任组长，成员组成中，教育界和工程界专家至少各2人，并至少有2人为国家一级注册建筑师。为保证视察工作的连续性，至少应有两人曾参加过视察工作。也可吸收外国建筑师协会委派的观察员参加视察。

2. 视察工作

视察小组应在视察前将视察计划通知学校，视察时间为3天，不宜安排在学校假期进行。对于申请复评的学校，视察时间可适当缩短。

视察小组在开展视察工作之前，应详细阅读被视察学校的自评报告和评估委员会对该校的视察要求。

2.1　视察工作程序

（1）与申请评估的建筑学专业所在院系的负责人商定视察计划。

（2）会晤主管校长及学校有关负责人。

（3）会晤院系行政、教学、学术负责人。

（4）了解院系的办学条件、教学管理。

（5）审阅学生作业（包括参观学生作业展示），视察课堂教学，必要时可辅以其他考核办法。

（6）会晤学生，考查学生学习效果并听取意见。

（7）会晤教师，了解教学情况并听取意见。

（8）会晤毕业生代表和用人单位代表，了解毕业生情况。

（9）与院系负责人交换视察印象。

（10）与主管校长交换视察印象。

2.2　视察工作重点

（1）学校和院系对申请评估专业的评价、指导、管理和支持情况以及检查课程效果的能力。

（2）各门课程规定的教学目的与要求是否有根据，规定与安排是否清晰、合理、有效，是否被师生理解。

（3）教学计划与大纲的内容和覆盖面以及与课程设计有关的授课时间安排。

（4）课程对发展学生技能和能力的帮助程度，教学效果是否达到《评估标准》规定的要求以及是否注意了与我国注册建筑师考试大纲的要求相适应。

（5）办学特色和教学改革的情况。

（6）教师的教学态度和教学水平，师资队伍的建设情况。

（7）教学空间与设施及经费的现状及其利用情况。

（8）对自评报告中不能列出的因素作定性评估，如学术氛围，师生道德修养，群体意识和才能，学校工作质量等。

3. 视察报告

视察小组应在视察工作结束后即写出视察报告呈交评估委员会。视察报告是评估委员会对被视察学校、院系作出正确评估结论的重要依据，一般应包括下列要点：

3.1　评估视察概况

（1）教学条件

（2）教学管理

（3）办学经验与特色

（4）学生德育、智育及身心健康等方面

3.2　评估视察意见

（5）申请评估院系对上届视察小组所提意见的整改情况（首次评估无此项）

（6）对院系工作的意见与建议

（7）对自评报告的评价

（8）对教学质量的评判

3.3　评估结论建议

（9）提出评估结论建议（此项以保密方式提交评估委员会）

4. 视察小组离校前，需向学校和院系领导通报视察报告的主要内容（其中的评估结论建议除外），听取校方的意见。

（四）评估结论

1. 评估结论

评估委员会应在受理学校申请的一年内对自评报告和视察报告进行全面审核并作出评估结论。评估结论的形成由评估委员会在充分讨论的基础上，采用无记名投票方式进行。除评估结论之外，讨论评估结论的过程和投票情况应予保密。

评估结论分为：

评估通过，合格有效期为7年

应具备的基本条件：

（1）经多次复评，办学质量稳定并不断发展；

（2）在专业办学方面，特色明显，毕业生质量在国内得到社会的广泛认可；

（3）二级学科硕士点齐全，或有建筑设计及其理论学科博士点；

（4）师资力量雄厚，在国内有较大影响。

评估通过，合格有效期为4年

应具备的基本条件为：

（1）满足评估标准的要求；

（2）在所在地区有一定影响。

评估基本通过，有效期为有条件4年

应具备的基本条件：

（1）基本满足评估标准的要求；

（2）在教学条件或教学要求方面有一定的欠缺，但经过努力，在2年内能够克服和解决。

评估未通过

（1）不能满足评估标准的基本要求；

（2）评估未通过的学校在两年后方可再次提出申请。

评估委员会应将评估结论及时通知申请评估学校，并呈报国家建设、教育行政主管部门。凡通过建筑学专业评估的学校，可获得评估委员会颁发的《全国高等学校建筑学专业教育质量评估合格证书》。评估委员会应在有关新闻媒介上公布评估结果。

2. 评估通过状态的保持

（1）获资格有效期为7年和4年的院校，在获得证书后，应经常总结取得的成绩和经验以及尚待改进的问题。资格有效期期满必须重新申请评估。

获资格有效期为有条件4年的院校，评估委员会将派专家组进行中期检查，根据中期检查结果，决定是否继续保持资格。资格有效期期满必须重新申请评估。

（2）为保证专业教育的水准和不断适应社会发展的需要，已获得证书的院系每两年左右进行一次监督性视察。教学质量督察员由2名专家组成，其中1名为院校教授、1名为资深建筑师。教学质量督察员入校督察时间一般为1天，督察结束后要写出评价意见（约1000字），以督促学校不断保持和提高教育质量。督察评价意见一式两份，一份留学校作为下一次评估的有关资料备查，另一份送交评估委员会秘书处。

（3）有条件通过的学校，在2年后需要接受中期检查。在中期检查年度的1月15日以前，向评估委员会提交中期检查报告。报告需对上次视察报告的意见作出全面的回复，对2年来的改进和发展变化作出自评（对2年来未有变化的一般性陈述可以从简）。评估委员会将派出检查组（3～4人，其中至少2人为上次视察组的成员）进行中期检查，形成中期检查报告，提交评估委员会。

（五）申诉与复议

1. 申请学校如对评估结论持有不同意见，可以在接到评估结论的15天内书面向评估委员会表明申诉的意向，并在评估结论下达的30天内向评估委员会呈报详细的书面材料，陈述申诉理由。

2. 评估委员会主任在接到申诉请求后，应立即将情况报住房和城乡建设部教育主管部门，并将有关申诉材料移交有关仲裁机构，由仲裁机构指派仲裁小组。仲裁小组设组长1人，组员2人（应选自评估委员会的前任委员）。小组成员名单应送交申诉院系，院系可以提出异议，但是否需要更换人员，则由仲裁机构作出决定。

3. 仲裁小组负责召开听证会，通知申诉学校和评估委员会各派2名代表出席。双方代表可以在听证会上陈述各自的意见和理由。听证会不作结论。

4. 仲裁小组必须在听证会结束后的3天内作出结论，并以书面形式将此结论和对作出此结论的说明通知申诉学校和评估委员会，同时呈送仲裁机构备案。仲裁小组的结论是终审裁决，对申诉学校和评估委员会双方均具有约束力。

5. 全部申诉工作应在接到申诉材料之日起100天内完成。申诉期间，学校的鉴定结论不变。全部申诉费用应根据评估结论的变或不变而由评估委员会或申诉学校负担。

（六）学位授予

1. 学位名称：建筑学学士。

2. 通过建筑学专业本科（五年制）教育评估的院校，可按规定程序向国务院学位委员会办公室申请建筑学学士学位授予权。

3. 对于有条件通过的学校的建筑学专业，中期检查未获得通过的，建筑学专业学位授予权终止。

三、评估工作进程表

时间	申请评估学校	评估委员会
8月10日前	向评估委员会递交申请报告	
9月30日前		作出审核决定，通知申请学校
次年1月15日前	准备自评报告，向评估委员会递交自评报告	
3月15日前		评估委员审阅自评报告，委员会作出审阅结论，通知申请学校
4月中旬前		组成视察小组，确定视察时间，通知小组成员、申请学校及有关单位
	接到视察通知后10天内，对小组成员和进校时间向评估委员会提出认可意见	
5月中旬	视察小组进校（视察本科3天）	
7月中旬前		作出评估结论，通知申请学校，并呈报有关部门
	接到评估结论后，有异议，可在15天内向评估委员会表明申诉意向，30天内呈报详细材料	报住房和城乡建设部教育主管部门、有关仲裁机构

四、高等学校建筑学专业本科（五年制）教育评估表

Ⅰ.基本要求、专业教育质量评价表

评估项目			条款项	取证点数	评价				
一级指标	二级指标	三级指标			通过	基本通过	不通过	特色	待改进处
基本要求（7）	1 德育标准	1.1 政治思想	(1)	*					
		1.2 素质修养	(2)	*					
		1.3 职业道德	(3)	*					
	2 智育标准	2.1 公共课程	(4)	*					
		2.2 计算机水平	(5)	*					
	3 体育标准	3.1 体育达标率	(6)	*					
		3.2 群众性体育	(7)	*					

续表

评估项目			条款项	取证点数	评价				
一级指标	二级指标	三级指标			通过	基本通过	不通过	特色	待改进处
专业教育质量(34)	1 建筑设计	1.1 建筑设计基本理论	(1)	* *					
			(2)	* *					
			(3)	* * *					
			(4)	* * *					
			(5)	* * *					
			(6)	* *					
		1.2 建筑设计过程与方法	(7)	*					
			(8)	* *					
			(9)	* * *					
			(10)	* *					
		1.3 建筑设计表达	(11)	* * *					
			(12)	* * *					
			(13)	* * *					
	2 建筑相关知识	2.1 建筑历史与理论	(14)	* *					
			(15)	* * *					
		2.2 建筑与行为	(16)	* * *					
		2.3 城市设计	(17)	* *					
		2.4 景观设计	(18)	* *					
		2.5 经济与法规	(19)	*					
			(20)	* *					
	3 建筑技术	3.1 建筑结构	(21)	* * *					
			(22)	* *					
			(23)	* * *					
		3.2 建筑物理环境控制	(24)	*					
			(25)	*					
			(26)	*					
		3.3 建筑材料与构造	(27)	* *					
			(28)	* * *					
		3.4 建筑的安全性	(29)	*					
			(30)	* *					
	4 建筑师执业知识	4.1 制度与规范	(31)	*					
			(32)	* *					
		4.2 服务责任	(33)	* *					
			(34)	* *					

注：对基本要求和专业教育质量的41项条款内容，以教学大纲、设计作业、测试、教师、学生等5个方面取证。

*号表示每项内容的至少取证数，然后对取证结果进行评价。

此表作为视察报告的附件反馈学校。

Ⅱ. 专业教育过程、专业教学条件评价表

评估项目				评价				
一级指标	二级指标	三级指标	条款项	通过	基本通过	不通过	特色	待改进处
专业教学过程（15）	1 教学管理	1.1 教学计划与教学文件	(1)					
			(2)					
			(3)					
			(4)					
		1.2 课程教学管理	(5)					
			(6)					
			(7)					
			(8)					
	2 教学实施	2.1 课程教学实施	(9)					
			(10)					
			(11)					
		2.2 教学实践	(12)					
			(13)					
		2.3 毕业设计	(14)					
			(15)					
专业教学条件（25）	1. 师资条件	1.1 教师结构	(1)					
			(2)					
			(3)					
			(4)					
			(5)					
		1.2 教师工作及教学保障	(6)					
			(7)					
			(8)					
			(9)					
	2. 场地条件	2.1 设计课专用空间	(10)					
			(11)					
			(12)					
		2.2 其他专用场所	(13)					
			(14)					
			(15)					
	3. 图书资料	3.1 图书	(16)					
		3.2 期刊	(17)					
		3.3 教学资料	(18)					
			(19)					
			(20)					

续表

评估项目				评价				
一级指标	二级指标	三级指标	条款项	通过	基本通过	不通过	特色	待改进处
专业教学条件(25)	4. 实验室条件	4.1 建筑模型室	(21)					
		4.2 建筑物理实验室	(22)					
		4.3 网络条件	(23)					
	5. 经费条件	5.1 教学经费	(24)					
		5.2 奖助学金	(25)					

注：对专业教育过程和专业教学条件，以40项条款内容进行评价。

此表作为视察报告的附件反馈学校。

《全国高等学校建筑学硕士学位研究生教育评估标准》（2013年版）

编者按：申请评估的学校首先须有建筑学专业工学硕士学位授予权，且须有连续二届或二届以上的建筑学专业工学硕士毕业生。通过专业评估的院校的毕业生准予授予建筑学硕士学位（1992年国务院学位委员会第十一次会议通过设置）。建筑学硕士学位具有职业性与学术性相结合的研究生教育特性。

一、建筑学硕士学位研究生教育评估指标体系

建筑学专业硕士研究生教育不同于其他有关学科的研究生教育及其他类型的专业学位教育，它是职业性与学术性相结合的研究生教育。高校在取得建筑学一级学科工学硕士学位授予权后，达到本《评估标准》要求并通过全国高等学校建筑学专业教育评估委员会组织的建筑学硕士专业评估的高校，方可向国务院学位委员会申请建筑学硕士专业学位授予权。因此，建筑学硕士专业学位是建立在具有工学硕士学位授予权基础之上的，且具有职业性和学术性相统一的基本特征。

本评估指标体系由一级指标、二级指标和三级指标三个层级构成，见下表。

高等学校建筑学硕士学位研究生教育评估指标体系

一级指标	二级指标	三级指标
一、基本要求	1　德育标准	1.1　政治思想
		1.2　素质修养
		1.3　职业道德
	2　智育标准	2.1　公共课程
		2.2　外国语能力
	3　体育标准	3.1　体育体能
		3.2　群众性体育
二、专业教育质量	4　建筑设计	4.1　建筑设计理论
		4.2　建筑技术与法规
		4.3　建筑设计实践
		4.4　建筑师执业能力
	5　设计方法	5.1　项目策划方法
		5.2　建筑设计方法
		5.3　数字建筑设计
	6　研究方法	6.1　建筑设计研究
		6.2　空间与社会调查

续表

一级指标	二级指标	三级指标
三、专业教育过程	7　教学管理	7.1　培养方案
		7.2　教学文件
		7.3　执行能力
	8　教学实施	8.1　教学内容
		8.2　教学方法
		8.3　实践教学
		8.4　学术报告
		8.5　学位论文
四、专业教学条件	9　师资条件	9.1　导师及任课教师人数与结构
		9.2　导师学术水平
	10　图书资料	10.1　图书
		10.2　期刊
		10.3　教学与研究资料
	11　环境条件	11.1　专用教室
		11.2　专业设备
		11.3　网络条件
	12　经费条件	12.1　教学经费
		12.2　科研经费
		12.3　奖助学金

二、建筑学硕士学位研究生教育评估指标内容

建筑学硕士学位研究生教育评估针对基本要求、专业教育质量、专业教育过程和专业教学条件等四方面进行评价。

（一）基本要求

本项内容满足全国高等学校研究生教育有关规定的基本要求，达到德育标准、智育标准和体育标准。

1. 德育标准

1.1　政治思想：满足全国高等学校研究生教育有关规定中的政治思想教育要求和德育标准，并结合建筑学专业的特点开展思想政治工作。

1.2　素质修养：具有一定的哲学、艺术和人文素养及社会交往能力，具有环境保护和可持续发展的意识、历史文化遗产保护的意识。

1.3　职业道德：理解建筑师的职业道德和社会责任。

2. 智育标准

2.1　公共课程：达到教育主管部门对硕士学位研究生的要求。

2.2　外国语能力：硕士研究生的第一外国语应按教育部规定的标准要求考试通过。

3. 体育标准

3.1　体育体能：积极参加各项体育活动，达到有关体能标准。

3.2　群众性体育：培养学生良好的健身习惯。

（二）专业教育质量

本项内容是建筑学硕士学位研究生教育必须达到的专业基本要求，包括建筑设计和设计方法两个方面。

本标准用“掌握”和“能够”两个词来分别确定硕士研究生在毕业答辩前必须达到的水平。“掌握”指对该领域专业知识有较全面、深入的认识，能对之进行阐述和运用；“能够”指能把所学的专业知识用于分析和解决问题，并具有创造性。

4. 建筑设计

4.1　建筑设计理论：掌握建筑设计的理论和方法，熟练运用建造设计、城市设计、室内设计、建筑遗产保护设计的理论和方法以及规划设计和景观设计的基本知识，能够将建筑理论、美学理论、环境行为等相关理论与建筑设计相结合。

4.2　建筑技术与法规：掌握建筑技术、标准规范、法律法规等相关知识，能够与建筑设计紧密结合。

4.3　建筑设计实践：能够对实际项目进行从城市设计到建筑设计等方面的研究；能够从事一定规模实际工程的建筑初步设计工作；了解组织与协调各工种实现建筑设计的过程。

4.4　建筑师执业能力：掌握工程建设基本程序以及从工程立项到设计、施工全过程的有关规定和要求；能够进行建筑项目的可行性研究。

5. 设计方法

5.1　项目策划方法：掌握相关知识，具有针对一定规模项目进行策划的能力。

5.2　建筑设计方法：掌握一定规模建筑的设计规律，能够发现、解析和研究建筑问题，并有针对性地完成建筑设计方案。

5.3　数字建筑设计：掌握相关知识，具有运用相关软件进行数字建筑设计的能力。

6. 研究方法

6.1　建筑设计研究：掌握相关知识，具有针对一定规模项目进行建筑设计研究的能力，在导师指导下完成课题专题研究论文或设计专题研究论文。

6.2　空间与社会调查：掌握空间与社会调查方法，能够发现建筑的问题，并具有分析和归纳的能力。

（三）专业教育过程

本项内容是建筑学硕士研究生教育的必要保障，包括教学管理和教学实施两个方面。

7. 教学管理

7.1 培养方案：培养方案具有科学性、合理性与完整性；能根据实际情况及上次评估建议更新培养方案。

7.2 教学文件：包括各门课程的教学大纲、课程作业、培养计划、选题报告、学位论文答辩资料齐全。

7.3 执行能力：能够执行培养方案；保证教学质量的各种规章制度完备，并能贯彻执行；各教学环节考核制度完备，并能严格执行。

8. 教学实施

8.1 教学内容：能根据培养方案，选用或自编合适的教材和指定参考用书等；课程内容充实，教学环节安排合理，并能联系实际，反映社会需要及学科发展。

8.2 教学方法：教学方法多样化，具有启发性和开拓性，注重培养研究生的独立工作和综合运用各种知识的能力。

8.3 实践教学：应组织硕士研究生的设计实践环节，并制定严格明确的教学要求，以提高硕士研究生参加实践或参与组织实践的能力。各校可根据自身特点，结合建筑学专业教育的基本特征，安排设计单位联合指导教师，同时研究生参加实际工程建筑设计实践的时间不少于半年。

8.4 学术报告：能组织一定数量及频率的学术报告，针对学科前沿领域开展学术研讨，拓展硕士研究生的学术视野。

8.5 学位论文：建筑学硕士培养可分为学术型和设计型两种模式。学术型模式硕士学位论文可采用课题专题研究方式，设计型模式硕士学位论文可采用设计专题研究方式。根据建筑学专业教育职业性和学术型相统一的基本特性，建筑学硕士专业学位研究生一般应选择设计专题研究论文类型。论文选题内容，宜是与实际相结合的研究课题，或选择中等复杂程度的实际工程，并能综合运用各学科的理论和方法，解决设计实践中的问题。

（四）专业教学条件

本项内容是达到办学要求、保证教学质量的前提，包括师资条件、图书资料、实验室条件和经费条件四个方面。

9. 师资条件

9.1 导师及任课教师人数与结构：导师与任课教师队伍人数应满足国务院学位委员会有关硕士点的要求，年龄结构及专业结构合理。

9.2 导师学术水平：导师必须具有副教授或高级工程师及以上职称，并能够胜任教学工作。

10. 图书资料

10.1　图书：有关建筑设计、城市设计、室内设计、建筑遗产与保护、景观园林、建筑历史、建筑技术、城市规划及美术方面的专业书籍8000册以上，不少于4种语言文字。

10.2　期刊：有关建筑学专业的中文期刊30种以上，外文期刊20种以上，不少于4种语言文字。

10.3　教学与研究资料：有齐全的现行建筑法规文件资料及工程设计参考资料、标准规范等；有一定规模的教学与研究数据库，包括电子文档、音像资料等。

11　环境条件

11.1　专用教室：能提供必要的设计课专用教室空间，满足建筑设计课程教学及设计研究的需要。

11.2　专业设备：能提供必要的模型制作、建筑技术等实验设备，满足建筑设计课程教学及设计研究的需要。

11.3　网络条件：能提供必要的计算机及其他附属设备组成的网络系统。

12. 经费条件

12.1　教学经费：教学经费应能保证教学工作的正常进行。

12.2　科研经费：科研经费应能保证科研工作的正常进行。

12.3　奖助学金：提供必要的资助，保证每个学生完成学业。

附：

高等学校建筑学硕士学位研究生教育
评估程序与方法

一、评估程序框图

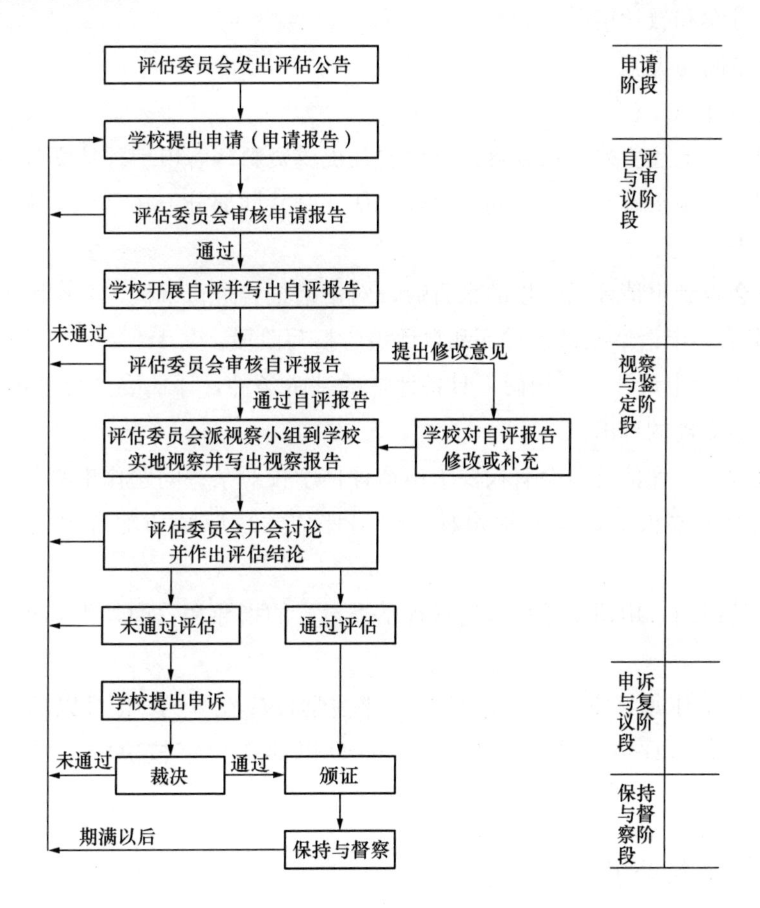

二、程序与方法

（一）申请与审核

1. 申请条件

1.1　申请评估学校的建筑学专业须满足《中华人民共和国学位条例》中的各项规定，

并具有建筑学专业工学硕士学位授予权。

1.2　申请评估学校的建筑学专业需符合《全国高等学校建筑学硕士学位研究生教育评估标准》（以下简称《评估标准》）的基本条件。

1.3　申请评估学校从申请之日起往前推算必须有连续二届或二届以上的建筑学专业工学硕士毕业生。

2. 申请报告

申请学校应向评估委员会递交申请报告，申请报告内容：

一、学校概况和院系简史

二、院系组织状况

三、师资状况及硕士研究生指导教师情况

四、培养方案和教学情况

五、教学空间与设施

六、经费条件

在报告中应对上述所列各项内容进行说明并提供资料。若申请评估学校的建筑学专业本科（五年制）与硕士研究生教育同时申请评估，则共同部分不必重复叙述。

3. 申请审核

评估委员会收到申请评估学校的报告后，对申请报告进行审核，并作出审核决定：

① 受理申请。申请学校进入自评和自评报告撰写阶段。

② 拒绝受理。申请评估学校尚不具备评估的基本条件，评估委员会可拒绝受理申请，并告知学校拒绝受理的理由。

在审核过程中，评估委员会有权要求申请评估学校对某些问题作出答复或进一步提供证明材料，或派视察人员进行实地审核。申请评估学校应密切配合评估委员会的审核工作。

在提出申请以前，申请学校可以请求评估委员会的指导和咨询，所需费用由申请学校负担。

申请及审核工作每年举行一次，各申请评估学校应在 8 月 10 日以前向评估委员会递交申请报告一份，评估委员会应在 9 月 30 日以前作出审核决定，并通知申请评估学校。

（二）自评与审阅

1. 自评目的

自评是建筑学专业所在院系对自身的硕士研究生培养状况、培养质量的自我检查，主要检查培养计划是否达到《评估标准》所规定的要求，以及是否采取了充分措施，以保证培养计划的实施，教学成果达到评估标准要求。撰写自评报告是自评阶段的重要工作。自评报告是学校向评估委员会递交的文件，要对培养计划及其各项内容进行鉴别并加以说明，以备鉴定。

2. 自评方法

自评工作应由学校有计划地组织进行。自评报告的产生应该自始至终体现客观性、真实性的原则，有关院系应该组织包括硕士研究生导师、硕士研究生和其他工作人员参与各项工作。

3. 自评

自评报告分八个部分，按顺序逐条陈述。自评报告应简明扼要、重点突出。报告中所陈述的论点应有翔实资料证明，以供审核。

一、前言

二、硕士研究生培养指导思想、目标与特色

三、院系背景

四、培养方案及授予硕士学位情况

五、科研、实践及交流活动

六、对上届视察小组报告的回复及上次评估以来的变化与发展（首次申请评估无此项）

七、自我评价

八、附录

各部分的内容及要求分述如下：

3.1　前言（最多1500字）

（1）高等学校背景

影响高等学校和建筑学院系特色的所在城市和地区的背景。高等学校的性质、隶属关系。

（2）院系的现状及历史。

3.2　硕士研究生培养指导思想、目标与特色（最多2000字）

（1）培养方案的沿革。

（2）院系的办学思想、方法及目标。参照《评估标准》说明院系对研究生能力培养的要求。

（3）培养方案的特色。评估委员会鼓励各建筑学专业所在院系在保证职业性和学术性兼顾培养的前提下，发展有特色的培养方案。报告可就此作特别的陈述。

3.3　院系背景（最多4000字）

（1）人员情况

学生：生源，硕士研究生的入学素质，学生的背景特点，招生人数。

教师：来源，指导教师人数，职称构成，年龄结构，学历结构，专业方向，专业背景，学缘结构，进修情况。兼职教师或联合指导教师情况单独列出。

职工：人数，素质及参与的工作。

（2）图书资料及设施条件

图书资料：图书、期刊和教学资料等规模和发展状况。

实验室：实验室的门类、网络条件等规模和发展状况。

报告应着重说明以上各项资料及设备参与教学过程的状况。

（3）组织机构

行政机构的设置及决策过程。院系的行政及教学组织机构对培养方案的形成和执行过程的影响，有关组织（如学术、学位、职称评定等委员会）的情况。

（4）经费

教学经费的来源、数额及使用效果。

3.4　培养方案及授予硕士学位情况

（1）院系或所在高等学校能为建筑学专业硕士研究生培养计划提供的公共课程及人文学科方面的选修课程情况。

（2）建筑学专业培养计划，应包括开设的学位课程、选修课程，学分以及任课教师的情况，学位论文或设计的要求以及指导教师的情况。

（3）课程安排

这是自评报告的核心内容，报告应着重说明课程安排能否保证培养目标的实现，并满足《评估标准》的要求。对照《评估标准》的各项条目，学校应分别提供硕士研究生的学习成果以示证实。

（4）课程建设情况

学位课程及主要选修课的设置及其内容，包括特色课程的情况、师资配备、经费来源、教材建设、教学资料积累，并提供有关教学效果的充分证据。

（5）教学管理水平

报告应陈述有关教学管理的情况，如各类教学文件的归档制度，学籍管理制度，保证培养方案实施的措施及执行情况的说明。

报告中所涉及的教学文件、文献资料、规章制度及学生学习成果应做到有案可查，以备视察小组调阅核查。

（6）授予硕士学位情况

包括学位获得者本科专业情况，并列出本科非建筑学专业毕业的研究生名单。

3.5　科研、实践及交流活动

（1）科研及学术活动

记述导师、硕士研究生在提高培养质量和形成培养特色等方面所做的学术科研活动，并提供实际成果。

（2）设计实践活动

记述导师、硕士研究生在促进学校与社会联系方面所做的设计实践工作，并提供实际成果。

（3）对外交流

记述院系参加国际、国内学术交流活动及其成果。

3.6　对上届视察小组报告的回复（首次评估无此项）

（1）上届视察小组报告。

（2）学校对上届视察小组报告所提意见的逐项答复。

（3）对上届评估中未达到《评估标准》的项目所采取的改进措施及其效果。

3.7　自我评价

（1）自评过程（最多1000字）

说明自评过程以及提供自评报告的客观性、真实性的证明。

（2）自评总结（最多2000字）

围绕培养方案和培养目标，总结硕士研究生培养经验，明确建筑学专业所在院系的优势和薄弱环节，提出改进的措施及发展。

3.8　附录（以近四年为主）

（1）硕士研究生的教学文件：招生条件，各课程的教学大纲，课时安排及主要内容（标题），还包括任课教师的情况，学位论文（工程设计或论文）成果。

（2）正在执行的培养方案。

（3）建筑学专业导师及任课教师的简况（姓名，性别，出生年月，学历、学位及毕业学校（包括本、硕、博各阶段），职称，研究方向及所教课程）。

（4）有关硕士研究生德育、体育的工作情况及资料。

（5）教育部规定的硕士研究生外语水平测试通过率和外语平均成绩。

（6）图书、期刊、学术论文等教学资料的统计数据。

（7）实验室主要设备清单。

（8）历届毕业生反馈的有关资料。

4. 自评报告的审阅

被受理申请评估学校应在次年1月15日前将自评报告交到评估委员会，评估委员会在3月15日前，对自评报告作出评价，以鉴定培养方案满足《评估标准》的程度。

评估委员会审阅自评报告后，可产生下面三种结论：

（1）通过自评报告。并于5月组织、派遣视察小组进校实地视察。

（2）基本通过自评报告。对自评报告中少量不明确或欠缺的部分要求申请评估学校在4月15日前进一步提供说明、证据或材料，根据补充后的情况再决定是否派遣视察小组。

（3）不通过自评报告。自评报告的内容不能达到《评估标准》的要求。自评报告未通过的，评估工作终止，申请评估学校在两年后方可再次提出申请。

（三）视察

1. 视察小组的组成与职能

视察小组是评估委员会派出的临时工作机构，其任务是根据评估委员会的要求实地视察申请评估学校硕士研究生的教育情况，写出视察报告，提出评估结论建议，交评估委员会审议。视察小组成员由评估委员会聘请。

视察小组由3～5人组成，组长由评估委员会委员出任，组成人员为具有高级职称的建筑师和高等院校的教授。为保证视察工作的连续性，应至少有2人具有评估视察工作的经历。

2. 视察工作

视察小组应在视察前将视察计划通知学校，视察时间为1.5～2天，不宜安排在学校假期进行。

视察小组在开展视察工作之前，应详细阅读被视察学校的自评报告和评估委员会对该校的视察要求。

2.1　视察工作程序

（1）与建筑学一级学科硕士点所在院系负责人商定视察计划。

（2）会晤主管校长及有关院系负责人。

（3）了解院系的办学条件、教学管理。

（4）审阅硕士研究生的学位论文（研究型设计或论文），必要时辅以其他考核办法。

（5）听取硕士研究生对教学的意见。

（6）与导师和任课教师会晤。

（7）了解毕业硕士生情况。

（8）与校和院系负责人交换视察印象。

2.2　视察工作重点

（1）院系对建筑学专业的评价和检查课程效果的能力。

（2）对各门课程的规定和要求是否有依据，规定是否清晰，是否被师生理解，教、学、研是否有效。

（3）学位课程的深度、广度以及课程体系的合理性和有效性，通过对学生作业、考试、设计、论文等的考察，了解其对所学课程的掌握情况。

（4）培养硕士生技能和理解能力的程度，其中包括：

——掌握建筑设计方法和理论，并能运用于实际工程设计或研究中。

——具有从事中等复杂程度实际工程的建筑设计能力。

——掌握职业实践和工程设计的有关知识。

——掌握并运用计算机进行辅助设计、资料综合研究等工作。

——具有从事科学研究（应用研究或工程设计方面）的能力。

课程要注意学生创造能力的培养，注意注册建筑师职业道德的教育。

（5）教学设施及经费的现状及其利用情况。

（6）师资队伍建设的有关情况。

3. 视察报告

视察小组应在视察工作结束后即写出视察报告呈交评估委员会。视察报告是评估委员会对被视察学校、院系作出正确评估结论的重要依据，一般应包括下列要点：

3.1　评估视察概况

（1）培养条件与教学管理

（2）办学经验与特色

（3）硕士研究生专业知识

(4) 硕士研究生德育、智育及身心健康等方面

3.2 评估视察意见

(5) 申请评估院系对上届视察小组所提意见的改进情况（首次评估院系无此项）

(6) 对院系工作的意见与建议

(7) 对自评报告的评价

(8) 对教学质量的评判

3.3 评估结论建议

(9) 提出评估结论建议（此项以保密方式提交评估委员会）

4. 视察小组离校前，需向学校和院系领导通报视察报告的主要内容（评估结论建议除外），听取校方的意见。

（四）评估结论

1. 评估结论

进校视察工作结束后，评估委员会应召开全体会议，审议申请学校的自评报告和视察小组的视察报告，并作出评估结论。评估结论的形成由评估委员会在充分讨论的基础上，采用无记名投票方式进行。除评估结论之外，讨论评估结论的过程和投票情况应予保密。

评估结论分为：

(1) 评估通过：评估合格的资格有效期为 7 年。

(2) 评估通过：评估合格的资格有效期为 4 年。

(3) 评估未通过：评估未通过的学校在两年后方可再次提出申请。

评估委员会应将评估结论及时通知申请评估学校，并呈报国家教育、建设行政主管部门并在有关新闻媒介上公布评估结果。凡通过建筑学专业硕士评估的学校，可获得评估委员会颁发的《全国高等学校建筑学专业硕士研究生教育质量评估合格证书》，并可向国务院学位委员会申请建筑学硕士专业学位授予权。

2. 评估通过状态的保持

资格有效期为 4 年和 7 年的建筑学专业，在获得证书后，应经常总结取得的成绩、经验以及尚待改进的问题。资格有效期期满应重新申请评估。

为保证专业教育的水准和不断适应社会发展的需要，已获得证书的院系每两年左右进行一次监督性视察。教学质量督察员由 2 名专家组成，其中 1 名为院校教授、1 名为资深建筑师。教学质量督察员入校督察时间一般为 1 天，督察结束后要写出评价意见（约 1000 字），以督促学校不断保持和提高教育质量。督察员的评价意见一式两份，一份留学校作为下一次评估的有关资料备查，另一份送交评估委员会秘书处。教学质量督察员的工作内容及要求详见《建筑学专业教学质量督察员工作指南》。

（五）申诉与仲裁

1. 申请评估学校如对评估结论持有不同意见，可以在接到评估结论的 15 天内书面向

评估委员会表明申诉的意向，并在评估结论下达的 30 天内向评估委员会呈报详细的书面材料，陈述申诉理由。

2. 评估委员会在接到申诉请求后，应立即将情况报住房城乡建设部教育主管部门，并将有关申诉材料移交有关仲裁机构，由仲裁机构指派仲裁小组。仲裁小组设组长 1 人，组员 2 人（应选自评估委员会的前任委员）。小组成员名单应送交申诉学校，学校可以提出异议，但是否需要更换人员，则由仲裁机构作出决定。

3. 仲裁小组负责召开听证会，通知申诉学校和评估委员会各派 2 名代表出席。双方代表可以在听证会上陈述各自的意见和理由。听证会不作结论。

4. 仲裁小组必须在听证会结束后的 3 天内作出结论，以书面形式将此结论和对作出此结论的说明通知申诉学校和评估委员会，同时呈送仲裁机构备案。仲裁小组的结论是终审裁决，对申诉学校和评估委员会双方均具有约束力。

5. 全部申诉工作应在接到申诉材料之日起的 100 天内完成。申诉期间，学校的鉴定结论不变。全部申诉费用应根据评估结论的维持与否而由评估委员会或申诉学校负担。

（六）学位授予

1. 学位名称：建筑学硕士

2. 通过建筑学专业硕士研究生教育评估的学校，可向国务院学位委员会申请“建筑学硕士”专业学位授予权。授予权必须在评估合格有效期内行使，评估有效期满未申请复评的，专业学位授予权自动终止。

3. 根据有关规定，国务院学位委员会有权根据评估委员会的中期检查结论或评估委员会发现的影响本专业学位授予的其他问题，暂停或终止有关高校的建筑学硕士专业学位授予权。

4. 已在建筑学专业毕业获得学士学位，并在通过建筑学专业评估的建筑学专业硕士点毕业者，授予建筑学硕士专业学位。

5. 已获非建筑学专业学士学位，并在通过评估的建筑学专业硕士点修满学分，同时补修完建筑学专业学士学位有关必修课程（除研究生入学考试的科目之外，补修课程的具体课目视学生的原有专业学习状况而定，但必须有至少 1 年的建筑设计课程学习），并在通过建筑学专业评估的建筑学专业硕士点毕业者，授予建筑学硕士专业学位。

三、评估工作进程表

时　间	申请评估学校	评估委员会
8 月 10 日前	向评估委员会递交申请报告	
9 月 30 日前		作出审核决定，通知申请学校
次年 1 月 15 日前	准备自评报告，向评估委员会递交自评报告	
3 月 15 日前		评估委员审阅自评报告，委员会作出审阅结论，通知申请学校

续表

时间	申请评估学校	评估委员会
4月中旬前		组成视察小组，确定视察时间，通知小组成员、申请学校及有关单位
	接到视察通知后10天内，对小组成员和进校时间向评估委员会提出认可意见	
5月中旬	视察小组进校（硕士研究生评估视察1.5天，如与本科评估同时进行，则需不少于4名视察专家，进校视察至少3天）	
7月中旬前		作出评估结论，通知申请学校，并呈报有关部门
	接到评估结论后，有异议，可在15天内向评估委员会表明申诉意向，30天内呈报详细材料	报住房城乡建设部教育主管部门、有关仲裁机构

四、高等学校建筑学硕士研究生教育评估表

评估项目			评价				
一级指标	二级指标	三级指标	通过	基本通过	不通过	特色	待改进处
基本要求（7）	1 德育标准	1.1 政治思想					
		1.2 素质修养					
		1.3 职业道德					
	2 智育标准	2.1 公共课程					
		2.2 外国语能力					
	3 体育标准	3.1 体育体能					
		3.2 群众性体育					
专业教育质量（9）	4 建筑设计	4.1 建筑设计理论					
		4.2 建筑技术与法规					
		4.3 建筑设计实践					
		4.4 建筑师执业能力					
	5 设计方法	5.1 项目策划方法					
		5.2 建筑设计方法					
		5.3 数字建筑设计					
	6 研究方法	6.1 建筑设计研究					
		6.2 空间与社会调查					
专业教育过程（8）	7 教学管理	7.1 培养方案					
		7.2 教学文件					
		7.3 执行能力					

续表

评估项目			评价				
一级指标	二级指标	三级指标	通过	基本通过	不通过	特色	待改进处
专业教育过程（8）	8 教学实施	8.1 教学内容					
		8.2 教学方法					
		8.3 实践教学					
		8.4 学术报告					
		8.5 学位论文					
专业教学条件	9 师资条件	9.1 导师及任课教师人数与结构					
		9.2 导师学术水平					
	10 图书资料	10.1 图书					
		10.2 期刊					
		10.3 教学与研究资料					
	11 环境条件	11.1 专用教室					
		11.2 专业设备					
		11.3 网络条件					
	12 经费条件	12.1 教学经费					
		12.2 科研经费					
		12.3 奖助学金					

此表作为视察报告的附件反馈给学校。

注：

第五届全国高等学校建筑学专业教育评估委员会组成人员名单（建人函［2010］4号，任期2010年1月至2015年1月）

主任委员：朱文一

副主任委员：曹亮功、王建国

委员：孔宇航、王伯伟、王洪礼、卢峰、刘甦、庄惟敏、汤羽扬、张玉坤、李子萍、李志民、李保峰、汪恒、沈中伟、肖毅强、邹广天、周畅、孟建民、唐玉恩、徐雷、桂学文、曹跃进、黄秋平、傅英杰、蒋伯宁、薛明（按姓氏笔划排序）

关于公布高等学校建筑学专业评估（认证）结论的通告

（土建专业评估通告［2016］第2号）

根据高等学校建筑学专业评估（认证）工作有关规定，本年度共有16所学校通过专业评估（认证），其中初次通过评估4所学校。现将2016年建筑学专业评估（认证）结论及历年通过学校名单予以公布。

全国高等学校建筑学专业教育评估委员会
2016年6月7日

建筑学专业评估通过学校和有效期情况统计表

（截至2016年5月，按首次通过评估时间排序）

序号	学　校	本科合格有效期	硕士合格有效期	首次通过评估时间
1	清华大学	2011.5～2018.5	2011.5～2018.5	1992.5
2	同济大学	2011.5～2018.5	2011.5～2018.5	1992.5
3	东南大学	2011.5～2018.5	2011.5～2018.5	1992.5
4	天津大学	2011.5～2018.5	2011.5～2018.5	1992.5
5	重庆大学	2013.5～2020.5	2013.5～2020.5	1994.5
6	哈尔滨工业大学	2013.5～2020.5	2013.5～2020.5	1994.5
7	西安建筑科技大学	2013.5～2020.5	2013.5～2020.5	1994.5
8	华南理工大学	2013.5～2020.5	2013.5～2020.5	1994.5
9	浙江大学	2011.5～2018.5	2011.5～2018.5	1996.5
10	湖南大学	2015.5～2022.5	2015.5～2022.5	1996.5
11	合肥工业大学	2015.5～2022.5	2015.5～2022.5	1996.5
12	北京建筑大学	2012.5～2019.5	2012.5～2019.5	1996.5
13	深圳大学	2016.5～2023.5	2016.5～2020.5	本科1996.5/硕士2012.5
14	华侨大学	2016.5～2020.5	2016.5～2020.5	1996.5
15	北京工业大学	2014.5～2018.5	2014.5～2018.5	本科1998.5/硕士2010.5
16	西南交通大学	2014.5～2021.5	2014.5～2021.5	本科1998.5/硕士2004.5
17	华中科技大学	2014.5～2021.5	2014.5～2021.5	1999.5
18	沈阳建筑大学	2011.5～2018.5	2011.5～2018.5	1999.5
19	郑州大学	2015.5～2019.5	2015.5～2019.5	本科1999.5/硕士2011.5
20	大连理工大学	2015.5～2022.5	2015.5～2022.5	2000.5

续表

序号	学　　校	本科合格有效期	硕士合格有效期	首次通过评估时间
21	山东建筑大学	2012.5～2019.5	2016.5～2020.5	本科2000.5/硕士2012.5
22	昆明理工大学	2013.5～2017.5	2013.5～2017.5	本科2001.5/硕士2009.5
23	南京工业大学	2014.5～2018.5	2014.5～2018.5	本科2002.5/硕士2014.5
24	吉林建筑大学	2014.5～2018.5	2014.5～2018.5	本科2002.5/硕士2014.5
25	武汉理工大学	2015.5～2019.5	2015.5～2019.5	本科2003.5/硕士2011.5
26	厦门大学	2015.5～2019.5	2015.5～2019.5	本科2003.5/硕士2007.5
27	广州大学	2016.5～2020.5	2016.5～2020.5	本科2004.5/硕士2016.5
28	河北工程大学	2016.5～2020.5（有条件）	—	2004.5
29	上海交通大学	2014.5～2018.5	—	2006.6
30	青岛理工大学	2014.5～2018.5	2014.5～2018.5	本科2006.6/硕士2014.5
31	安徽建筑大学	2015.5～2019.5	2016.5～2020.5	本科2007.5/硕士2016.5
32	西安交通大学	2015.5～2019.5	2015.5～2019.5	本科2007.5/硕士2011.5
33	南京大学	—	2011.5～2018.5	2007.5
34	中南大学	2016.5～2020.5	2016.5～2020.5	本科2008.5/硕士2012.5
35	武汉大学	2016.5～2020.5	2016.5～2020.5	2008.5
36	北方工业大学	2016.5～2020.5	2016.5～2020.5	本科2008.5/硕士2014.5
37	中国矿业大学	2016.5～2020.5	2016.5～2020.5	本科2008.5/硕士2016.5
38	苏州科技大学	2016.5～2020.5	—	2008.5
39	内蒙古工业大学	2013.5～2017.5	2013.5～2017.5	本科2009.5/硕士2013.5
40	河北工业大学	2013.5～2017.5	—	2009.5
41	中央美术学院	2013.5～2017.5	—	2009.5
42	福州大学	2014.5～2018.5	—	2010.5
43	北京交通大学	2014.5～2018.5	2014.5～2018.5	本科2010.5/硕士2014.5
44	太原理工大学	2014.5～2018.5（有条件）	—	2010.5
45	浙江工业大学	2014.5～2018.5	—	2010.5
46	烟台大学	2015.5～2019.5	—	2011.5
47	天津城建大学	2015.5～2019.5	2015.5～2019.5	本科2011.5/硕士2015.5
48	西北工业大学	2016.5～2020.5	—	2012.5
49	南昌大学	2013.5～2017.5	—	2013.5
50	广东工业大学	2014.5～2018.5	—	2014.5
51	四川大学	2014.5～2018.5	—	2014.5
52	内蒙古科技大学	2014.5～2018.5	—	2014.5
53	长安大学	2014.5～2018.5	—	2014.5
54	新疆大学	2015.5～2019.5	—	2015.5
55	福建工程学院	2015.5～2019.5	—	2015.5
56	河南工业大学	2015.5～2019.5（有条件）	—	2015.5
57	长沙理工大学	2016.5～2020.5（有条件）	—	2016.5

续表

序号	学　校	本科合格有效期	硕士合格有效期	首次通过评估时间
58	兰州理工大学	2016.5～2020.5	—	2016.5
59	河南大学	2016.5～2020.5	—	2016.5
60	河北建筑工程学院	2016.5～2020.5	—	2016.5

注：

第六届全国高等学校建筑学专业教育评估委员会组成人员名单（建人函〔2015〕16号，任期2015年1月至2020年1月）

主任委员：朱文一

副主任委员：丁建、王建国

委员：马泷、卢峰、刘恩芳、刘甦、孙澄、庄惟敏、汤羽扬、吴长福、张伶伶、张建涛、张颀、李昊、李保峰、李春舫、汪恒、沈中伟、肖毅强、周畅、孟建民、范悦、赵元超、赵成中、徐雷、曹亮功、曹跃进、黄秋平、薛明（按姓氏笔划排序）

建筑学专业学位的授权

建筑学专业学位的授权

编者按：建筑学专业学位于1992年经国务院学位委员会第十一次会议通过而设置。建筑学专业学位分建筑学学士、建筑学硕士两级。行使建筑学专业学位（学士、硕士）授予权的高等学校，其建筑学专业（本科、硕士）须通过全国高等学校建筑学（本科、硕士）专业教育评估并在评估合格有效期内。建筑学专业学位与国家注册建筑师执业资格制度相衔接，在审核参加注册建筑师资格考试报名人员的职业实践年限时，建筑学专业学位与其他非建筑学专业学位是有区别的。国务院学位委员会关于建筑学专业学位设置方案及申请授予的程序要求，可供各高校参考。

建筑学专业学位设置方案

（国务院学位委员会第十一次会议原则通过，一九九二年十一月十日）

一、目的

二、学位分级及授予对象

三、学位授予

四、其他规定

一、目的

为了适应我国社会主义现代化建设和改革开放及对外交流的需要，全面提高建筑设计专业人才的素质，促进我国建筑学专业教育水平的提高，特设置建筑学专业学位。

二、学位分级及授予对象

建筑学专业学位分建筑学学士、建筑学硕士两级。

（一）学士学位

高等学校建筑学专业本科毕业生，拥护中国共产党的领导，热爱社会主义祖国，具有良好的职业道德，达到下列水平者授予建筑学学士学位。

1. 掌握必备的建筑设计的方法与理论、现代城市规划和城市设计的理论，了解中外建筑的历史和理论、美学理论，了解人的心理、生理行为与建筑内外环境的相关性理论。

2. 掌握必备的建筑结构、建筑技术、建筑设备、建筑安全和建筑材料等知识，以及有关的建筑设计标准与规范；了解有关的建筑经济知识与我国现行的建筑法规，了解我国现行的基本建设程序以及从工程立项到设计施工、竣工验收的全过程，了解与建筑师从业有关的法律、条令和规定。

3. 具有从事实际建筑设计（包括建筑群体、单体、局部、细部设计）所需的能力；具有计算机辅助建筑设计系统的基本知识和操作能力；具有不同设计阶段所需的表达能力，了解建筑师在工程建设的各阶段中所起的作用及其职责；了解组织协调各工种的基本做法和要求。

4. 掌握正确的调研方法，并具有从事建筑专业调研工作的初步能力。

（二）硕士学位

高等学校建筑设计及其理论专业毕业研究生，拥护中国共产党的领导，热爱社会主义祖国，具有良好的职业道德，达到下列水平者，授予建筑学硕士学位。

1. 掌握建筑设计方法和理论、现代城市规划和城市设计的理论，了解中外建筑的历史，理解有关的建筑理论、美学理论，人的心理、生理、行为与建筑内外环境的相关性理论。

2. 掌握建筑结构、建筑技术、建筑设备、建筑安全和建筑材料等方面的知识以及相关的建筑设计标准与规范。熟悉有关的建筑经济知识和我国现行的建筑法规。了解我国现行的基本建设程序以及从工程立项到设计施工的全过程，了解建筑师从业的有关法律、条令和规定。

3. 具有独立从事中等复杂程度实际工程的建筑设计能力；具有进行建筑群体、单体、局部、细部设计所需的工作能力；具有计算机辅助建筑设计系统的设计、操作能力；具有不同设计阶段所需的表达能力。

4. 掌握建筑项目可行性研究及施工管理、工程监理的有关知识，具有组织及协调各工种所需的基本能力。

5. 具有从事科学研究的能力，能在导师指导下完成本专业主要是应用研究方面的论文或工程设计方面的专题论文。

三、学位授予

（一）学士学位

建筑学学士学位，由国务院学位委员会授权的、其建筑学专业（本科）已获得《全国高等学校建筑学专业教育评估合格证书》并在评估合格有效期内的高等学校授予。

获得建筑学学士学位授予权的高等学校，在评估合格有效期内，其建筑学专业不再行使工学学士学位授予权。

未获建筑学学士学位授予权的高等学校，其建筑学专业已有工学学士学位授予权的，仍可按《中华人民共和国学位条例》（以下简称《学位条例》）有关规定行使工学学士学位授予权。

（二）硕士学位

建筑学硕士学位，由国务院学位委员会授权的、其建筑设计及其理论专业硕士学位授权点已获得《全国高等学校建筑学专业教育评估合格证书》并在评估合格有效期内的高等学校授予。

获得建筑学硕士学位授予权的高等学校，其建筑设计及其理论专业硕士点仍保留工学硕士学位授予权。

已获建筑学硕士学位者，不再授予工学硕士学位；已获工学硕士学位者，亦不再授予建筑学硕士学位。

未获建筑学硕士学位授予权的高等学校，其建筑设计及其理论专业已有硕士学位授予权的仍可按《学位条例》有关规定授予工学硕士学位。

关于建筑学专业学位的授予，不再另行制定实施办法，各学位授予单位仍参照《中华人民共和国学位条例暂行实施办法》（以下简称《暂行实施办法》）的有关规定执行。

四、其他规定

（一）建筑学专业学位的证书格式，由国务院学位委员会统一制定，学位获得者的学位证书由学位授予单位发给。

（二）建筑学专业学位具有专业资格的证明效力，与国家建筑师注册制度相互衔接，在注册建筑师考试资格的审核中，对建筑设计实务经历的要求，应视申请者所获学位的不同而有所区别。具体方案由国务院学位委员会与建设部及有关部门商定。

（三）在我国学习的外国留学生，符合《学位条例》的有关规定，达到本方案规定水平者，可参照《暂行实施办法》的有关规定授予建筑学专业学位。

《国务院学位委员会办公室关于建筑学硕士、建筑学学士和城市规划硕士专业学位授权审核工作的通知》

（学位办［2011］17号）

各省、自治区、直辖市学位委员会，有关学位授予单位：

根据国务院学位委员会《硕士、博士专业学位设置与授权审核办法》，现就建筑学硕士专业学位、建筑学学士专业学位（以下合称建筑学专业学位）和城市规划硕士专业学位的授权审核工作通知如下：

一、申请新增建筑学专业学位和城市规划硕士专业学位授权的单位，须首先通过住房和城乡建设部“全国高等学校建筑学专业教育评估委员会”或“住房和城乡建设部高等教育城市规划专业评估委员会”（以下统称评估委员会）的评估，并在评估合格有效期内提出批准新增为建筑学专业学位或城市规划硕士专业学位授权单位的申请。

非中央部委属单位向所在省（自治区、直辖市）学位委员会提出申请；有关省（自治区、直辖市）学位委员会审查后，将审查意见和申请批准的报告报送国务院学位委员会办公室。中央部委属单位将申请批准的报告直接报送国务院学位委员会办公室。

二、已经国务院学位委员会批准的建筑学专业学位和城市规划硕士专业学位授权单位，其学位授予权仅在评估合格有效期内行使；对于评估委员会决定终止其评估通过资格的，国务院学位委员会将根据评估委员会有关决定暂停或终止其授权。欲在评估合格有效期满后继续行使学位授予权的单位，须向评估委员会申请重新评估。国务院学位委员会根据评估委员会的评估结论决定是否批准其继续行使授权。

三、本通知下发前，其授予工学门类硕士学位的城市规划与设计专业已通过评估并仍在评估合格有效期内的单位申请新增城市规划专业硕士学位授予权的，须经评估委员会审查同意后，方可按本通知规定申请新增为城市规划硕士专业学位授予单位，具体审查程序和要求由评估委员会规定。

请各省（自治区、直辖市）学位委员会将本通知转发至所属各学位授予单位。

二〇一一年三月十日

《国务院学位委员会关于开展博士、硕士学位授权学科和专业学位授权类别动态调整工作的通知》

（学位［2015］40号）

各省、自治区、直辖市学位委员会，中国人民解放军学位委员会：

根据国务院学位委员会第31次会议决议，经总结前期试点工作经验，国务院学位委员会对《博士、硕士学位授权学科和专业学位授权类别动态调整办法（试行）》进行了修订，形成了《博士、硕士学位授权学科和专业学位授权类别动态调整办法》（见附件），现印发给你们。同时，决定自2016年起，将博士、硕士学位授权学科和专业学位授权类别动态调整工作的实施范围扩大到全国。请你们按照国务院学位委员会《关于开展博士、硕士学位授权学科和专业学位授权类别动态调整试点工作的意见》（学位〔2014〕1号）和《博士、硕士学位授权学科和专业学位授权类别动态调整办法》，组织本省（自治区、直辖市）范围内各学位授予单位做好学位授权点动态调整工作。

军队系统各学位授予单位学位授权点的动态调整意见和办法，由中国人民解放军学位委员会根据国务院学位委员会的意见和办法另行制定，并统一组织实施。

各省（自治区、直辖市）学位委员会及中国人民解放军学位委员会每年的调整结果，须于当年6月底前报送至国务院学位委员会办公室。

附件：博士、硕士学位授权学科和专业学位授权类别动态调整办法

国务院学位委员会
2015年11月10日

附：

博士、硕士学位授权学科和专业学位授权类别动态调整办法

总　　则

第一条　根据国务院学位委员会《关于开展博士、硕士学位授权学科和专业学位授权类别动态调整试点工作的意见》，制定本办法。

第二条　本办法所规定的动态调整，系指撤销国务院学位委员会批准的学位授权点并可以增列其他学位授权点。

第三条　本办法所称学位授权点，包括：

1. 博士学位授权学科（仅包含博士学位授予权，不包含同一学科的硕士学位授予权）；

2. 硕士学位授权学科；

3. 博士专业学位授权类别；

4. 硕士专业学位授权类别；

5. 工程硕士专业学位授权类别下的授权工程领域。

第四条　撤销博士学位授权学科、硕士学位授权学科，可按以下情况增列其他学位授权点：

1. 撤销博士学位授权一级学科，可增列下述之一：

（1）其他博士学位授权一级学科，但所增列学科应已为硕士学位授权一级学科或为拟同时增列的硕士学位授权一级学科；

（2）其他硕士学位授权一级学科；

（3）博士专业学位授权类别；

（4）硕士专业学位授权类别；

（5）工程硕士专业学位下的授权工程领域。

2. 撤销硕士学位授权一级学科，可增列下述之一：

（1）其他硕士学位授权一级学科；

（2）硕士专业学位授权类别；

（3）工程硕士专业学位下的授权工程领域。

3. 撤销未获得一级学科授权的一级学科下已有二级学科，按以下情况处理：

（1）撤销该一级学科下的全部博士学位授权二级学科，视同撤销一个博士学位授权一级学科，可按本条第1项的规定增列其他学位授权点。

（2）撤销该一级学科下的全部硕士学位授权二级学科，视同撤销一个硕士学位授权一级学科，可按本条第2项的规定增列其他学位授权点。

按本条规定撤销后仍在本单位增列博士学位授权学科和硕士学位授权学科的，应为与撤销授权点所属学科不同的其他一级学科。

第五条 撤销博士专业学位授权类别、硕士专业学位授权类别、工程硕士专业学位下的授权工程领域，可按以下情况增列其他学位授权点：

1. 撤销博士专业学位授权类别，可增列下述之一：

（1）其他博士专业学位授权类别；

（2）硕士专业学位授权类别；

（3）工程硕士专业学位下的授权工程领域。

2. 撤销硕士专业学位授权类别或工程硕士专业学位下的授权工程领域，可增列下述之一：

（1）其他硕士专业学位授权类别；

（2）工程硕士专业学位下的授权工程领域。

第六条 对于属同一学科的博士学位授权学科和硕士学位授权学科，不得单独撤销硕士学位授权学科保留博士学位授权学科。

第七条 省（自治区、直辖市）学位委员会（下称“省级学位委员会”）对博士学位授权点的调整，只能在博士学位授予单位内和博士学位授予单位之间进行；对硕士学位授权点的调整，可在博士和硕士学位授予单位内，以及博士和硕士学位授予单位之间进行。学位授予单位自主调整学位授权点只能在本单位范围内进行。

学位授予单位自主调整

第八条 学位授予单位自主调整学位授权点，指学位授予单位主动撤销并可以自主增列学位授权点。调整中拟增列学位授权点的数量不得超过主动撤销学位授权点的数量，主动撤销学位授权点后不同时增列学位授权点的，可在今后自主调整中增列。

第九条 学位授予单位自主确定拟增列学位授权点，须由学位授予单位聘请同行专家根据国务院学位委员会规定的学位授权点基本条件、省级学位委员会和学位授予单位规定的其他要求进行评议。学位授予单位拟主动撤销和拟自主增列的学位授权点，须经本单位学位评定委员会审议通过，并在本单位内进行不少于15个工作日的公示。

第十条 学位授予单位将主动撤销和增列的学位授权点以及开展调整工作的有关情况报省级学位委员会。省级学位委员会对学位授予单位调整工作是否符合规定的程序办法进行审查，审查通过的报国务院学位委员会批准。

省级学位委员会统筹调整

第十一条 省级学位委员会统筹调整学位授权点，包括：

1. 制定学科发展规划，指导本地区学位授权点动态调整。制定支持政策，引导学位授予单位根据区域经济社会发展需要撤销和增列学位授权点。

2. 对于国务院学位委员会根据有关规定撤销学位授权点，以及学位授予单位主动撤销后不再增列其他学位授权点的，省级学位委员会可在全省（自治区、直辖市）范围内统筹组织增列学位授权点，拟增列学位授权点的数量不得超过撤销学位授权点的数量，具体增列时间由各省级学位委员会统筹安排。

第十二条 省级学位委员会组织开展增列学位授权点工作，按以下程序和要求进行：

1. 学位授予单位申请增列学位授权点，须经本单位学位评定委员会审议通过。

2. 省级学位委员会聘请同行专家，根据国务院学位委员会制定的学位授权点基本条件和省级学位委员会规定的其他要求，对学位授予单位申请增列的学位授权点进行评审。参加评审的同行专家中，来自本省（自治区、直辖市）以外的专家不少于二分之一。

3. 省级学位委员会对专家评审通过的申请增列学位授权点进行审议，并将审议通过的拟增列学位授权点在经过不少于15个工作日的公示后，报国务院学位委员会批准。

批准及复核

第十三条 省级学位委员会于每一年度规定时间，将本省（自治区、直辖市）范围内学位授予单位拟主动撤销和自主增列的学位授权点以及省级学位委员会审议通过的拟增列学位授权点报国务院学位委员会按程序批准。

第十四条 按本办法增列的学位授权点在批准授权3年后，需接受复核。复核工作按照《学位授权点合格评估办法》第十四条关于专项合格评估的规定进行。学位授权点如经复核撤销，不得再按本办法增列其他学位授权点。

其　　他

第十五条 按本办法主动撤销的学位授权点在3年内实行有限授权。在有限授权期内停止招生，但保留对已招收研究生的学位授予权。3年期满后完全撤销授权，仍未毕业研究生由学位授予单位转由本单位其他学位授权点培养并授予学位，或向其他学位授予单位申请授予学位。

第十六条 学位授予单位按本办法主动撤销的学位授权点，不得在5年内再次按本办法增列为学位授权点。

第十七条 按本办法增列下列种类学位授权点的，按以下情况处理：

1. 增列临床医学、口腔医学、中医学专业学位授权类别的，还应满足下述条件：

（1）增列博士专业学位授权类别的，应具有临床医学本科专业和相应的硕士专业学位授权类别，并至少有一所直属附属医院为专科医师规范化培训基地。

（2）增列硕士专业学位授权类别的，应具有临床医学本科专业，并有至少一所附属医院为住院医师规范化培训基地。

2. 增列建筑学硕士专业学位授权类别的，应按有关规定经全国高等学校建筑学专业教育评估委员会评估通过后，方可决定增列。

3. 新增军事学门类授权学科及军事类专业学位授权类别的，需经中国人民解放军学位委员会同意后，方可决定增列。

4. 新增警务硕士专业学位授权类别的，需经全国警务专业学位研究生教育指导委员会同意后，方可决定增列。

第十八条 本办法由国务院学位委员会办公室负责解释。

建筑学专业评估国际互认

堪培拉建筑学教育协议

编者按：中国是《堪培拉协议》的发起成员之一。经过三年的筹备，澳大利亚皇家建筑师学会、加拿大建筑学教育认证委员会、中国高等学校建筑学专业教育评估委员会、韩国建筑学教育评估委员会、墨西哥建筑学教育评估委员会、美国建筑学教育评估委员会、英联邦建筑师协会于2008年4月在澳大利亚堪培拉共同签署了《堪培拉建筑学教育协议》（简称《堪培拉协议》），国际建筑师协会、英国、日本作为非签约方和观察员出席会议。《堪培拉协议》是各签约方对彼此的专业教育评估机构、评估标准、评估体系的实质性等效认可，其目的是推动各方建筑教育评估结论的国际互认和促进建筑人才的跨国流动。签约方确认每六年接受一次协议成员的相互检查，以保证各方评估质量的一致性。截至2016年5月，我国已有60所高校建筑学专业通过评估（名单每年可在住房城乡建设部官网人事教育栏目中更新查询，网址：http：//www.mohurd.gov.cn/jsrc/zypg/index.html）。在评估有效期内的毕业生到协议成员国参加注册建筑师资格考试，其专业学历予以认可。截至2016年4月，《堪培拉协议》新发展了4个临时成员：南非建筑师委员会、日本工程教育认证委员会、（中国）香港建筑师学会、（西班牙）马德里高等教育评估委员会。

《堪培拉建筑学教育协议》

2008年4月9日签署

由以下签字方批准：

英联邦建筑师协会	CAA
加拿大建筑学教育认证委员会	CACB/CCCA
墨西哥建筑学教育评估委员会	CIMAEA
韩国建筑学教育评估委员会	KAAB
美国建筑学教育评估委员会	NAAB
中国高等学校建筑学专业教育评估委员会	NBAA
澳大利亚皇家建筑师学会	RAIA

前言

本协议由上述建筑学教育评估体系发起，承认各评估体系是实质对等的。

通过沟通和对比分析，各方认为相关评估体系实质等效，同时承认各方具有多样性。这是本协议建立的基础。

协议的条件、规则和程序将不断深化，并据此对创始成员和新成员进行评价。协议成员没有数量限制，欢迎任何能够证明实质等效的建筑教育评估体系加入协议成为新成员。

协议希望帮助建筑学毕业生进行国际流动，通过制定标准提高建筑学教育质量。

协议是一个判断建筑学专业课程实质等效的透明系统。协议内容反映了《联合国教科文组织—国际建筑师协会（U1A）建筑学教育宪章》（2005 年修订版）的核心原则以及《国际建筑师协会关于建筑实践中职业主义的推荐国际标准》（2005 年修订版）的有关章节。

简介

建筑学教育评估是评估机构对建筑学专业学历的认证，证明该学历达到了一定的教学标准。虽然各评估体系之间还存在差异，但是协议成员一致认为各自的评估体系是实质对等的。以此为基础，经协议任意一方成员评估的建筑学学历都是实质等效的，所有成员都应加以承认，同时需遵守本地法规的要求。

实质等效的定义

实质等效指建筑学课程的教学成果在所有重大方面具有可比性，该课程的教学实践达到了可接受的水准，即便这些课程在教学形式和教育方法上可能存在着不同。实质等效性本身不是评估或认证。

协议

通过信息交流、考察各方建筑学专业学位评估的标准和程序，协议成员认为各自的建筑学教育评估体系是实质对等的。《堪培拉协议》（包括协约和细则，以下简称协约或协议）成员承认各自体系对建筑师职业实践必需学历的评估具有实质等效。

1. 协议成员同意：

- 各成员在建筑学专业学位课程评估中使用的标准、政策和程序是实质对等的；
- 一方成员作出的评估决定，其他成员都予以接受，协议成员将发表公告说明对其他成员评估决定的接受情况；
- 经一方成员评估的建筑学学历，其他各成员都予以承认，同时需符合本地区或国家法规的其他限制条件；

●通过秘书处和各成员协商，定期评选“最佳实践”奖，以推动建筑职业教育的发展；

●各成员将通过最恰当的方式开展长期的相互监督和信息交流，包括定期通讯，评估标准、系统、程序、手册、出版物和通过评估院系、学历名单等信息共享；邀请观察员参加评估视察或会见评估机构代表。

2. 以此为基础，每个成员将尽力促成相关各国或地区（或签约多国组织的会员国或会员地区）的建筑师执业注册机构承认协议成员的评估体系以及经过他们评估的建筑学学历具有实质等效。

3. 本协议只对成员评估过的建筑学学历有效。各成员应及时通知秘书处该成员目前评估过的所有建筑学学历名单，以便于秘书处掌握和公布最新、最全面的名单，展示根据本协议被所有成员认可具有实质等效的建筑学学历。

如果成员取消了一个建筑学学历的评估资格，应及时通知秘书处，以便于作相应调整。

4. 协议成员是管理运行建筑学专业学历评估体系的一方特定组织，而与他们所在的地理疆界无关。

协议的效力只覆盖成员组织评估过的学历，与签约方所在或所工作的疆界无关。

如果一个成员在本国（地区）之外的国家或地区开展评估工作，该行为不会赋予这些国家或地区任何一种协议地位。

国际组织作为本协议的成员不会赋予该组织的会员单位任何一种协议地位。

国际组织是协议成员，其会员单位拥有建筑学专业教育评估体系但不是协议成员，该会员单位评估的建筑学学历不能自动获得本协议的认可；只有本协议成员直接评估过的建筑学专业学历才能获得本协议的承认并列入总名单。

5. 虽然本协议设置了临时成员，但是只有成员才是根据本协议进行评估体系对等承认的受益方。

6. 新成员须从临时成员中产生，并获得现有成员的批准。在担任临时成员期间，该单位的评估标准和程序以及标准和程序的实施情况将接受全面的考察。

7. 协议成员将建立适当的细则和程序以保证协议能够迅速、全面地实施。通过或修改这些规则和程序需获得成员批准。

8. 成员代表至少两年举行一次大会，审议各项规则和程序，进行必要的修改，审议临时成员申请，或者批准新成员。经成员同意，大会可以通过远程电话会议的形式进行。

9. 根据本协议以及细则规定设立并运行的秘书处承担协议的日常管理工作。

10. 在成员接受和满意的情况下，本协议长期有效。希望退出协议的成员应至少提前一年通知秘书处。协议成员由于任何原因被除名需获得所有成员的批准。

《堪培拉建筑学教育协议》认定实质性对等需评估的特征、原则和标准

编者按：执行相关国际标准和鼓励多样性之间的平衡是《堪培拉协议》的中心原则，要求协议成员应该确保学生获得《联合国教科文组织—国际建筑师协会（UIA）建筑学教育宪章》所要求的技能、知识和能力，要求任何评估（认证）机构建立稳定的标准和同辈（级）之间审查的评价方法，并鼓励创新和发展。

简介

评估/认证是一种质量保证机制，对相关单位毕业生达到的能力进行确认。堪培拉协议的成员认为他们的建筑学教育评估/认证体系具有可比性，相关的建筑学专业学历在满足建筑师职业实践的要求上实质等效。堪培拉协议成员在国际广泛接受的业务准则下开展活动。从堪培拉协议评估的建筑学课程毕业并获得专业学位的学生应普遍具有以下特点和能力：

1. 使用学到的知识进行设计、操作并对相关系统、程序和环境进行提高；
2. 分析和解决复杂的建筑问题；
3. 理解和解决建筑项目的环境、经济和社会影响；
4. 与业主、同行以及社区进行有效的沟通；
5. 毕业之后终身学习并参与职业继续教育；
6. 遵守建筑师职业道德准则；
7. 在当代社会中倡导和推广更适宜的人居环境。

《堪培拉协议》接受《国际高等教育质量保障机构联合会（INQAAHE）从业准则》的关键原则，并以此作为衡量建筑学教育质量保障机构工作的标准；协议以《联合国教科文组织—国际建筑师协会（UIA）建筑学教育宪章》（2011 年版）的核心原则以及《国际建协建筑师职业实践推荐国际标准》（第三版）的相关内容作为衡量建筑师职业实践所需学历的国际通用标准。

1.0　堪培拉协议成员的共同特征、原则和标准

1.1　普遍特征

堪培拉协议成员机构应具有以下普遍特征：

a）是建筑行业的代表机构（管理机构、代理机构或者学协会），具有建筑教育评估的

法定权利或者行业权威，评估结果满足发生地建筑师职业准入的学历条件，同时遵守当地法规设立的其他要求；

b）独立对相关课程进行评估并作出决定，不受教学机构、行业团体或政府部门的影响；

c）建立了活跃和健全的评估/认证体系，具有成熟的程序、步骤和做法并且相关文书档案齐备；

d）开展了大量的评估工作，具有丰富的评估实践经验（在过去 7 年中至少对 5 个教育单位进行了评估）。

1.2 共同原则

建筑学教育评估机构应遵守以下共同原则：

a）机构无论何时开展工作都应该秉持高标准的职业精神、道德和客观性；

b）程序必须是透明和一致的；

c）对相关单位的评估活动必须是保密的，并按照成熟的程序和条件进行客观的和一致的评价；

d）参与评估程序的人员必须具有建筑学评估/认证、教育和职业实践方面的知识和能力；

e）评估仅针对建筑学课程、学历或学位，而不是针对大学；

f）由同行业人员对相关课程进行评价，而且必须包括审阅自评报告，现场视察和审查学生作业；

g）学生作业的水平应该是决定评估结果的主要标准；

h）被评估单位应具有与其环境相适应的物资、财力、人力和信息资源。

1.3 评估标准

评估/认证标准应注重以下内容：

a）开展教学的适当环境。

b）具有核心的领导人员。

c）具有一定数量合格的师资人员。

d）面向建筑师职业实践、覆盖面广的教学课程。

e）适当的入学、考核和退出标准。

f）支撑教学工作的足够人力、物力、财力和信息资源。

并且包括：

g）定期进行复评以保持评估结果的有效性。

h）相关课程由大学层次的机构开办，或者与大学层次的机构联合开办，通过课程学习使技能、能力、眼界和知识达到一定的标准，满足进入建筑师职业的初步要求。为了在各个科目和能力的学习之间达到平衡，应该进行不少于五年的全日制学习或者达到同等程度。

1.4 国际高等教育质量保障机构联合会(INQAAHE)从业准则

作为第三方教育质量保障机构，各成员应该遵守国际高等教育质量保障机构联合会《从业准则》(2005年版)的关键原则。概括如下：

a）具有确定的使命和一系列目标，并以书面形式表达，反映其文化和历史文脉；

b）具有充足和便利的人力和财力资源，能够根据自己的使命和方法高效地、切实地开展第三方评价工作；

c）机构自身也有一套连续的质量保障制度，能够灵活应对高等教育特点的变化，保持高效的运转，并为目标的实现作出贡献；

d）向公众负责，根据相关法律的要求以及机构的传统进行公告并解答公众关心的问题；

e）承认办学质量和质量保障工作首先是高等教育机构自身的责任，尊重教育机构的学术独立、完整和个性，适用的标准和规范经过相关人员的合理协商，目标是提高教育机构的教学质量和可靠性；

f）在相关文件中明确提出第三方质量保证机构对教育单位的要求；

g）具有针对自评报告的相关规定，解释自评过程的目的、步骤、程序和期望，相关文件应包括使用的标准，评判的准则，报告的格式以及其他需要高等教育机构提供的信息；

h）具有针对第三方评价本身的相关文件，明确表述第三方评价的标准、评价方法和程序、决议原则以及其他与第三方评价相关的信息；

i）评估机构既要对高等教育机构的自评报告进行评价，也要对外部评价人员的评判意见进行评价，例如具有相关知识的同行或者根据相关法规作出的判断；

j）建立申诉的合理方法和政策；

k）与其他同类机构开展合作交流，交流领域包括业务实践，能力建设，结论核查，跨国教育的开展，联合项目和人员交流；

l）制定高等教育进出口相关政策。

1.5 《联合国教科文组织—国际建筑师协会(UIA)建筑学教育宪章》

执行相关国际标准和鼓励多样性之间的平衡是《堪培拉协议》的中心原则。即：对于任何评估/认证机构，建立稳定的标准和同辈审查的评价方法都是头等重要的。同时，鼓励多样性、创新和发展也是同等重要的。

协议成员应该确保学生获得《联合国教科文组织—国际建筑师协会（UIA）建筑学教育宪章》所要求的以下通用技能、知识和能力：

1. 进行建筑设计创作的能力，并且满足美学和技术的要求。

2. 获得充足的建筑历史和理论知识以及相关艺术、技术和人文科学的知识。

3. 理解美学对建筑设计质量的影响。

4. 获得城市设计、规划的充足知识，并理解规划过程中的相关技能。

5. 理解人和建筑之间的关系，建筑与环境之间的关系以及将建筑与周围空间相联系的责任并满足人的需求和尺度。

6. 理解建筑行业以及建筑师在社会中的角色，尤其在准备项目介绍时应该考虑社会因素。

7. 理解调查和准备设计项目介绍的方法。

8. 理解与建筑设计相关的结构设计、施工和工程问题。

9. 具备物理问题及技术、建筑功能的充足知识，并据此提出能够抵御气候变化的、舒适的内部环境。

10. 在成本因素和相关建筑法规的约束范围内，设计技艺能够满足建筑使用者的要求。

11. 为了将设计理念转变为建筑以及将局部规划融入总体规划，应具备相关行业、组织、法规和程序的充足知识。

在开设相关课程时应考虑以下要点：

1. 对人类、社会、文化、城市、建筑和环境价值以及建筑遗产具有责任意识。

2. 具有进行生态可持续设计、环境保护以及重建人居设计的充足知识。

3. 对建筑相关专业和建设方法具有充足了解，在建筑技术上具有创新能力。

4. 在项目融资、相关管理、费用控制以及项目实施方法上具有充足的知识。

5. 无论对于学生还是老师，研究方法是建筑教学的内在组成部分。

《联合国教科文组织—国际建筑师协会（UIA）建筑学教育宪章》（2011年中文版）[1]

序言

我们，作为建筑师，关心快速变化的世界中建筑环境可能发生的重大变化，认为建筑学涵盖了规划、设计、建造、使用、装修、景观设计和维护等影响建筑环境的方方面面。我们有责任改进对未来建筑师的教育与培训，使其满足21世纪全球社会对实现各种文化遗产环境中的可持续人居建设的期望。

我们深知，尽管我们从事的这一行业作出了许多杰出乃至令人惊叹的贡献，然而，建筑环境中真正由建筑师和规划师构思并完成的比例小得惊人。如果建筑师能够认识到该行业迄今仍然不大关心的各个领域所存在的日益增长的需求和机遇，该行业仍然还能有一些新的作为。因此，专业实践以及建筑学教育与培训都需要具有更大的多样性。教育的基本目标是把建筑师培养成为一个通才。

这对于那些在不断发展变化的环境下工作的建筑师来说特别有现实意义，因为他们可能要发挥“授之以渔”而不是“授之以鱼”的作用，而这一行业也可能要应对一些新的挑战。毫无疑问，建筑师解决问题的能力可极大促进诸如社区发展，自助性项目，教育设施等方面的工作，从而为那些未被认同为当然公民和不能算是通常的建筑师客户的人们的生活质量的提高作出重大贡献。

0. 目的

本宪章的目的在于：首先通过运用本章程建立一个建筑学教育全球网络，使个别的成就能为大家所共同分享；提高对建筑学教育是当代世界最重大的环境和职业挑战之一的认识。

因此，我们宣称：

Ⅰ. 总论

教育工作者必须培养出能够针对现在和将来的问题提出新的解决办法的建筑师，因为新的时代将面临与许多人类居住区的社会和功能退化有关的各种严峻而复杂的挑战。这些

---

[1] 国际建筑师协会颁布了英、法、西、德、俄、葡、中等七种语言的版本。

挑战可能包括全球的城市化以及相应的现有环境资源的耗竭，住房、城市服务和社会基础设施严重短缺以及建筑师日渐被排斥在建筑环境项目之外等问题。

1. 建筑设计，建筑物的质量以及建筑物与其周边环境的关系，尊重自然和建筑环境以及共同的和各自的文化遗产都是事关公众的问题。

2. 确保建筑师能够理解地区特点并实际体现出个人、社会团体、社区和人类住区的需要、期望和生活质量的改善是符合公众利益的。

3. 对建筑师的教育和培训方法应多种多样，以便于扩大文化知识面并能根据客户、使用者、建筑行业和建筑师行业不断变化的要求和需要（包括项目交付的方法），在对这种变革背后的政治和经济原因有所认识的情况下，灵活地编写各项有关课程。

4. 尽管我们承认地区和文化习俗与做法的重要性，而且课程需要针对这些特点而有所不同，但是，在所使用的教学方法上存在共性，通过能力的培养，这种共性可以使各国、各建筑学校和各专业组织评估和改进对未来的建筑师的教育。

5. 建筑师在不同国家之间的日益增加的流动要求相互承认或认证个人学位、文凭、证书和其他正式资格证明。

6. 相互承认从事建筑业正式资格的学位、文凭、证书或其他证明必须以客观标准为基础，确保这些资历证书的持有人受过并继续坚持接受本章程所要求的教育和培训。

7. 建筑院校培养的对未来世界的认识应包括如下目标：

- 人类住区的所有居民享有体面的生活质量。
- 技术应用尊重人民的社会、文化和审美需求并了解如何正确使用建筑材料并了解其最初和未来的维护成本。
- 建筑环境和自然环境在生态方面的平衡和可持续发展，包括现有资源的合理利用。
- 建筑设计作为每一个人的财产和责任受到重视。

8. 由于对建筑环境的早期认识无论对未来的建筑师、业主还是对建筑物使用者都很重要，因此，应在中小学普通教育中介绍与建筑和环境有关的知识。

9. 应建立建筑师的职业继续进修系统，建筑学教育绝不能被视为一劳永逸的事，而应被视为一种终身学习的过程。

10. 基于以下理由，建筑遗产教育至关重要：

——在建筑设计中理解可持续发展、社会环境以及地域感；

——转变建筑师的设计理念，使建筑师的创新设计是持续、和谐文化进程的组成部分。（参见 Reflection Group 7 of UIA Education Commission，on Heritage Education，Torino 2008 ）

11. 自然必须以生物的多样性为依托，人类必须以文化的多样性为依托。文化多样性是全人类共同的遗产，应该得到承认和理解，以造福当代和后代子孙。（参见 2001 年 11 月联合国教科文组织关于文化多样性的共同宣言

http：//unesdoc. unesco. org/images/0012/001271/127160m. pfd)

Ⅱ. 建筑学教育的目标

建筑学教育要培养学生能够合理地处理情感、理智和直觉之间的矛盾并体现社会和个人需要，以建筑设计方法来构思、设计、理解和实施建筑行为的能力。

1. 建筑学是一门综合运用人文学、社会科学、物理学、技术、环境学、创新艺术和人文艺术等方面的知识的学科。

2. 建筑设计方面的学历教育和职业教育必须是以建筑学为主要学科的大专院校一级的教育，大学、理工学院以及研究院三类机构均应开办这种教育。教育必须保持理论与实践的平衡。

3. 建筑学教育包括以下基本目标：

3.1 能够创作出满足审美和技术要求的建筑设计。

3.2 充分了解建筑学的历史与理论以及相关艺术、技术和人文科学。

3.3 了解对建筑设计质量产生影响的美术。

3.4 充分了解城市设计、规划以及规划工作的技能。

3.5 了解人与建筑物、建筑物与其环境之间的关系，并认识到把建筑物以及建筑物之间的空间同人的需求与规模结合起来的必要性。

3.6 了解建筑设计行业以及建筑师的社会作用，特别是在拟定应考虑各种有关社会因素的方案时尤应如此。

3.7 了解设计项目的调查方法以及拟订方案的方法。

3.8 了解与建筑设计相关的结构设计、施工和工程问题。

3.9 充分了解有关的物理问题和技术以及建筑物的功能，以便使建筑物拥有舒适的室内条件，免受气候变化的影响。

3.10 掌握必要的设计技能，以便在成本因素和建筑规章许可的范围内，满足建筑物使用者的要求。

3.11 充分了解把设计理念变成建筑物和把方案纳入整体规划所涉及的有关行业、组织、规定和程序的知识。

3.12 认识到对人文、社会、文化、城市、建筑和环境价值以及建筑遗产的责任。

3.13 充分了解实现生态上负责任的设计和环境保护与恢复的手段。

3.14 培养在建筑技术方面的创新能力，其基础是全面了解建筑学相关的学科与建筑方法。

3.15 充分了解项目融资、项目管理、成本控制和项目实施的方法。

3.16 培养师生的研究技能，把他作为建筑学习的基本内容。

4. 建筑学教育包括掌握如下能力：

4.1 设计

- 能够富有想象力，创造性思维，能够创新并具备设计领导能力。
- 能够收集信息，发现问题，进行分析和判断并提出执行方案。

● 能够在设计构思时进行立体思维。

● 在创造有关设计方案时能够合理兼顾各种不同的因素并综合利用各种知识和技能。

4.2 知识

4.2.1 文化与艺术

● 能够运用当地和世界建筑设计方面的历史和文化背景知识。

● 能够运用美术知识来影响建筑设计的质量。

● 了解建筑环境的遗产问题。

● 认识到建筑设计与其他创造性学科之间的联系。

4.2.2 社会学

● 能够运用社会知识并与代表社会需求的客户和用户合作。

● 能够拟定需要确定社会、用户和客户的需求的项目方案，并研究和确定不同类型的建筑环境的背景和功能需要。

● 了解建筑环境的社会背景、人体工程学需要和空间需要以及公平和享用的问题。

● 了解规划、设计、建设、卫生、安全和建筑环境使用方面的相关法令、规定和标准。

● 了解与建筑有关的哲学、政治和道德规范。

4.2.3 环境学

● 能够运用有关自然系统和建筑环境的知识。

● 了解保护和垃圾管理方面的问题。

● 了解材料的生命周期、生态可持续问题、环境影响、节能设计以及被动太阳能系统及其管理。

● 了解景观设计、城市设计以及国土规划与国家规划的历史与做法，并了解其与本地和全球人口和资源之间的关系。

● 了解自然系统的管理，注意自然灾害风险。

4.2.4 技术

● 有关结构、材料和建筑的技术知识。

● 具有创新地运用建筑技艺和技术的能力并了解其沿革。

● 了解技术设计的方法并把结构、建筑技术和服务系统整合为一个能有效发挥其作用的整体。

● 了解服务系统以及运输、通信、维护和安全系统。

● 认识到技术资料和技术要求在完成设计中的作用，并了解建筑成本规划和控制的流程。

4.2.5 设计学

● 了解设计理论与方法。

● 了解设计程序和方法。

● 了解设计和建筑设计评论方面的过去的情况。

4.2.6 行业知识

● 能够理解建筑设计服务的各种不同订购方式。

● 了解建设和开发行业的基本运作，例如财务、房地产投资和设施管理。

● 了解建筑师在传统的和新的活动领域中以及在国际背景下可能发挥的作用。

● 了解企业原则及其在建筑环境的开发、项目管理以及专业咨询业务运作中的应用。

● 了解建筑设计工作中的职业道德和行为守则并认识到建筑师在注册、从业和建筑合同等问题上的法律责任。

4.3 技能

● 能够跟其他建筑师和学科的团队成员进行合作。

● 能够通过协作、讲话、算术、写作、绘图、构件模型和开展评估进行工作并进行思想的沟通。

● 能够利用手工、电子、图形和模型制作能力，探索、开发、确定和表达设计建议。

● 了解利用手工和（或）电子方式对建筑环境进行性能评测的评估系统。

5. 量化指标包括：

平衡掌握第Ⅱ.3 、Ⅱ.4 提及的知识与能力，并在通过学科认证的大学和相当于大学的机构接受全日制的学习，时间应不少于五年。

为了得到注册/许可/认证，建筑学毕业生还应在一个适当的从业环境中进行不少于两年的实习，其中一年可在完成学业前取得。（以上表述来自于《国际建筑师协会职业实践经历/训练/实习政策》，由国际建协教育委员会和职业实践委员会于 2010 年 10 月 13 日在巴黎通过）

Ⅲ. 认定学校的条件与要求

为达到上述目标，应考虑到如下条件和要求：

1. 建筑学校应配备必要的工作室、实验室、研究与高级研究设施、图书馆以及利用新技术的信息与数据交换设施。

2. 为促进共识并提高建筑学教育的水准，有必要创立世界性和地区性信息交流、教师交流和高年级学生交流的网络，以便推动对不同气候、材料、乡土习俗和文化的了解。利用外部考官是一种公认的达到和保持国家和国际可比标准的方法。

3. 各教学机构必须根据其教学力量调整学生数量，而且学生的选拔应确保其具备成功完成建筑学教育所需的能力，为此，各学科课程的招生应有适当的遴选过程。

4. 学生数量必须反映掌握上述能力所需的设计工作室教学方法。

5. 师生直接对话的个人项目工作应构成学习的基础，必须鼓励并保护建筑学实践与教学之间进行不断的交流，设计项目工作必须结合学到的知识及相关的技能。

6. 培养传统的绘图技能仍然是教学计划的一项要求，现代的个性化的计算机技术以及专业软件的发展使我们必须在建筑学教育的各个方面开展使用计算机的教学。

7. 研究与著述应被视为建筑学教育工作者本职工作的一部分，其范围可以涵盖建筑实践的实用方法与经验、项目工作和建筑方法以及专业学科。

8. 各教育机构应创立定期进行的自我评估和同行评审的系统（评审组中应包括来自其他学校或其他国家的有相当经验的教育工作者和从业建筑师）或参加经过联合国教科文组织—国际建协认证系统认证的同等体系。

9. 这项教育应正式规定学生在毕业时展示其个人能力，拿出能说明所学知识及相关技能的建筑设计方案。为此，应设立跨学科的评审组，其中包括学校之外的考官，他们可以是来自其他学校或其他国家的实际工作者或学术人士，但他们必须具有在这一层次进行评审的经验和专业知识。

10. 为了受益于众多的教学方法（包括远程学习），应开展高级师生交流计划。可以通过国际奖项、展览和因特网上的出版物系统，在建筑学院之间可进行毕业设计方案的交流，以促进教学机构的成果比较和自我评估。

Ⅳ. 结束语

本章程是在联合国教科文组织和国际建筑师协会的倡议下拟定的，目的是应用于国际建筑学教育，其需要得到保护、发展和采取紧迫行动。

本章程是为所有从事建筑与规划教育和培训的机构的师生提供方针与指南的框架。我们把它设计成一份今后要经常修订的“动态性”的文件，以适应这一行业以及教育系统的新趋势、新要求与新发展。

除了美学、技术和经费方面的职业责任之外，本章程所关心的主要问题是行业的社会责任，即意识到建筑师在其所在社会中的作用和责任以及通过可持续的人类住区提高生活质量。

最初于 1996 年批准的《联合国教科文组织—国际建筑师协会（UIA）建筑学教育宪章》是由十人专家小组起草的，协调人 Fernando Ramos Galino（西班牙），成员包括：Lakhman Alwis（斯里兰卡）、Balkrishna Doshi（印度）、Alexandre Koudryavtsev（俄罗斯）、Jean-Pierre Elog Mbassi（贝宁）、Xavier Cortes Rocha（墨西哥）、Ashraf Salama（埃及）、Roland Schweitzer（法国）、Roberto Segre（巴西）、Vladimir Slapeta（捷克共和国）、Paul Virilio（法国）。

2004～2005 年，联合国教科文组织/国际建协建筑教育认证委员会与国际建协教育委员会合作，对本文作了修订。参与修订的人员有：Jaime Lerner（巴西）代表国际建协，Wolf Tochtermann（德国）代表联合国教科文组织；共同主席 Fernando Ramos Galino（西班牙）；总报告员 Brigitte Colin（法国），代表教科文组织；国际建协秘书长 Jean-Claude Riguet（法国）以及如下地区成员：

Ambrose A. Adebayo（南非）、Louise Cox（澳大利亚）、Nobuaki Furuya（日本）、Sara Maria Giraldo Mejia（哥伦比亚）、Paul Hyett（英国）、Alexandre Koudryavtsev（俄罗斯）、Said Mouline（摩洛哥）、Alexandru Sandu（罗马尼亚）、James Scheeler（美国）、Roland Schweitzer（法国）、Zakia Shafie（埃及）、Vladimir Slapeta（捷克共和国）、Alain

Viaro（瑞士）、Enrique Vivanco Riofrio（厄瓜多尔）。

2008～2011 年，国际建协教育委员会对本文作了修订。参与修订的人员有：国际建协主席 Louise Cox（澳大利亚）、国际建协教育委员会联席主任 Fernando Ramos Galino（西班牙）、Sungjung Chough（韩国）、联合国教科文组织/国际建协建筑教育认证理事会共同主席 Wolf Tochtermann（德国，代表联合国教科文组织）、Roland Schweitzer（法国）、Alain Viaro（瑞士）、Alexandre Koudryavtsev（俄罗斯）、Vladimir Slapeta（捷克共和国）、Patricia Mora Morales（哥斯达黎加）、Kate Schwennsen（美国）、Nobuaki Furuya（日本）、Rodney Harber（南非）、Zakia Shafie（埃及），参与合作的国际建协教育委员会反馈工作组成员有：Jörg Joppien（德国）、Giorgio Cirilli（意大利）、Nana Kutateladze（格鲁吉亚）、James Scheeler（美国）、Hector Garcia Escorza（墨西哥）、George Kunihiro（日本）、Magda Mostafa（埃及）、Seif A. Alnaga（埃及）。

建筑师职业实践

中国注册建筑师职业实践标准（1999年版）

编者按：从高校建筑学专业毕业到申请参加注册建筑师资格考试，还需经过一定年限的职业实践。本标准不仅确定了对职业实践年限的要求，更重要的是确定了在这个年限里必须完成的实践内容，以达到能力全面提高、经验丰富积累的目的。

全国注册建筑师管理委员会关于印发《注册建筑师职业实践标准》有关问题的通知

（注建［1999］21号）

各地注册建筑师管理委员会：

为贯彻落实《中华人民共和国注册建筑师条件》，保证和提高执业人员基本素质。根据注册建筑师资格报考条件要求，申请人在取得必备的学历之后在参加资格考试之前，须完成一定的职业实践年限训练。现将一级注册建筑师职业实践标准（见附表一）印发给你们并就有关问题通知如下：

一、申请参加一级注册建筑师考试人员，必须在职业实践期内，按照注册建筑师职业实践标准，完成职业实践训练。最少职业实践时间不应少于700个单元（每单元相当于8个工作小时）。

二、经过评估合格的学校，取得建筑学硕士学位的个人，可相当于已取得250单元职业实践；取得建筑学博士学位的个人，可相当于已取得470单元职业实践。其他时间可取得第一、二、三类别中的任何项。

三、未经评估合格的大学毕业生及其他相关专业人员，在参加考试前实践总年限应满足报考条件要求，同时不得少于本标准所要求的实践单元。

四、职业实践单元可累积计算，每完成一定的数量单元，应由职业实践人员如实填写《职业实践登记手册》（见附表二），并经指导人员签字证明。

五、各类实践达到标准后，方可报名参加执业考试。各地方管委会在报考资格审查时，应按规定查明报考人员是否达到实践标准。

六、职业实践项目应由所在单位指定一名一级注册建筑师或专业负责人担任该申请人的各项职业实践过程的指导和监督。

七、《职业实践登记手册》由全国注册建筑师管理委员会统一印发，申请参加一级注册建筑师考试人员可通过所在单位，向本地区注册建筑师管委会领取《职业实践登记手册》及相应的编码，在取得学历前的实践培训均不得计入本职业实践培训范围之内。

八、本通知自发布之日起实行，对1999年底以前符合报考条件人员，其职业实践要求按下列方式办理：

1. 1999年参加一级注册建筑师考试的考生，其职业实践单元可从1996年起补填，待全部考试合格后第一次注册前，送地方委员会审查。

2. 2000年参加一级注册建筑师考试的考生，应提供已完成不少于250单元的实践证明，其余实践单元应在全部考试合格后，第一次注册前补齐。

3. 2001年参加一级注册建筑师考试的考生，应提供已完成不少于470单元的实践证明，其余实践单元应在全部考试合格后，第一次注册前补齐。

4. 2002年及以后参加一级注册建筑师考试的考生，必须完成各类实践标准。

职业实践标准是执业制度不可缺少的一个重要组成部分，各地区管委会一定要按要求认真组织实施。执行过程中有何问题请与建设部执业资格注册中心联系。

附表一：一级注册建筑师职业实践标准

附表二：一级注册建筑师职业实践登记手册（略）

一九九九年九月六日

附表一：

一级注册建筑师职业实践标准（1999年版）

<table>
<tr><th></th><th colspan="2">实践内容</th><th>要求单元数</th></tr>
<tr><td rowspan="11">类别</td><td rowspan="6">第一类别：设计实践内容（包括参与协助设计负责人完成工作）
本类别实践要求为550单元</td><td>1. 设计前期工作（包括参与竞赛方案设计等）</td><td>60单元</td></tr>
<tr><td>2. 场地设计、小区规划、城市设计方案等</td><td>150单元</td></tr>
<tr><td>3. 方案或扩初设计</td><td>100单元</td></tr>
<tr><td>4. 接触工程估价与概、预算</td><td>55单元</td></tr>
<tr><td>5. 施工图与施工文件</td><td>160单元</td></tr>
<tr><td>6. 图纸校核或各专业会签</td><td>25单元</td></tr>
<tr><td>第二类别：施工配合（包括参与工作）
本类别实践要求为60单元</td><td>7. 施工现场交底，技术监督，熟悉施工招、投标及评标程序等</td><td>60单元</td></tr>
<tr><td rowspan="2">第三类别：管理（包括参与工作）
本类别实践要求为40单元</td><td>8. 项目管理（设计负责人助手）</td><td>20单元</td></tr>
<tr><td>9. 设计管理（单位计划或技术管理部门）</td><td>20单元</td></tr>
<tr><td>第四类别：专业活动
本类别实践要求为50单元</td><td>10. 参加专题讲座、学术报告、业务培训、规范学习等</td><td>50单元</td></tr>
<tr><td colspan="3">全部建筑设计实践最少时间：700单元</td></tr>
</table>

全国注册建筑师管理委员会关于实施《注册建筑师职业实践标准》的通知

（注建［2001］8号）

各地注册建筑师管理委员会：

为保证和提高执业人员基本素质，根据注册建筑师注册的三个标准：教育标准、职业实践标准、考试标准要求，全国注册建筑师管理委员会于1999年注建［1999］21号文件发出《关于印发〈注册建筑师职业实践标准〉的通知》，提出了“一级注册建筑师职业实践标准”。一年来，根据试点地区试行经验，经全国注册建筑师管理委员会研究，决定从2002年起，全面实施“一级注册建筑师职业实践标准”，并就有关问题通知如下：

一、自2002年起，凡申请参加一级注册建筑师资格考试的人员须向考试资格审查部门提供《注册建筑师职业实践手册》，各地在注册建筑师考试报名时，必须按全国注册建筑师管理委员会颁发的《注册建筑师职业实践标准》的要求，审查把关。具体操作方法按全国注册建筑师管理委员会注建［1999］21号《关于印发〈注册建筑师职业实践标准〉有关问题的通知》执行。

二、“一级建筑师职业实践标准”是申请参加注册建筑师考试人员的必备条件之一，报考人员应积极参与“职业实践标准”要求的职业实践，各地有关部门应为报考人员创造各类职业实践机会。确因报考人所在工作单位资质条件限制，无法提供职业实践标准要求的项目，经地方管理委员会同意，可采用相近性质类别项目单元折合。实践项目工作单元的量化原则上按实际工作时间确定，也可参照建设部有关建筑设计劳动定额规定执行。

三、根据建设部关于注册建筑师考试、注册属地化管理的原则，申请参加一级注册建筑师考试人员应向当地注册建筑师管理委员会领取《职业实践登记手册》及编号。

四、《职业实践登记手册》由本人、指导人按要求填写，备案单位（指工作单位）盖章。证书编号6位，第一位填所在省、市简称，第2、3位填写年份，如山东省填“鲁”、山西省填“晋”，2001年填写01，2002年填写02，依次类推，后三位为流水号码，由各地委员会统一编排。

五、为保证职业实践标准的落实，各地注册建筑师管理委员会可以结合实际制定有关实施办法并报全国注册建筑师管理委员会备案。

六、实行注册建筑师职业实践标准是我国按照国际水准建立注册建筑师执业制度的一项重要内容，也是提高注册建筑师队伍素质的一个重要举措。各地注册建筑师管理委员会应予充分重视，严格按照有关标准执行。执行中有什么问题请及时与全国注册建筑师管理委员会秘书处联系。

二〇〇一年七月十三日

国际建协职业实践委员会的政策条款及政策推荐导则

编者按：国际建筑师协会共设有23个专业委员会，其中建筑教育、职业实践和国际竞赛是国际建协工作最核心的三大领域。国际建协职业实践委员会是国际建协最重要的委员会之一，该委员会的主要工作是研究制定《国际建筑师协会关于建筑实践中职业主义的推荐国际标准认同书》(简称《国际建协认同书》)。《国际建协认同书》旨在规范建筑学专业的实践，谋求各国建筑师职业实践的全球化。现将《国际建协认同书》(2008年版)中关于建筑教育、职业建筑师基本素质要求的一些政策与政策推荐导则摘登出来，希望能对我国高校建筑学专业教育、职业建筑师的培养起到积极的参考作用。

为保障公众健康、安全、福利和文明，建筑师应当恪守职业精神、职业标准和职业信誉。国际建协的原则与标准旨在对建筑师进行完善的教育和实践培训，使其能达到基本的职业要求，并承认不同国家的教育传统，允许对等性因素。

一、职业精神原则

专业精神：建筑师通过教育、培训和经验取得系统的知识、才能和理论。建筑教育、培训和考试的过程向公众保证了当一名建筑师受聘向社会提供其职业服务时，该建筑师能符合胜任该项工作的合格标准。通常，建筑师协会以及国际建协均有责任和义务去维持和提高其成员对建筑艺术和科学的知识水平，同时为其发展作出贡献。

自主精神：建筑师向业主或使用者提供专业咨询服务，应不受任何私利的支配。建筑师的责任是坚持以知识为基础的专业判断分析，在追求建筑艺术和科学方面，应当优先于其他任何动机。

建筑师还要遵守从道德到日常事务的法律条文，并周全地考虑到其执业活动所产生的社会和环境影响。

奉献精神：建筑师在代表业主和社会所进行的工作中应当具有高度的无私奉献精神，职业地为业主提供服务，并代表业主作出公平和无偏见的判断。

负责精神：建筑师应意识到自己的职责是向业主提出独立的（若有必要时，甚至是批评性的）建议，并且应意识到其工作对社会和环境所产生的影响。建筑师和他们所聘用的咨询师只能承接他们在专业技术领域中受过教育、培训和具有经验的职业服务工作。

国际建协通过其成员国组织及其职业实践委员会的计划，寻求确立保障公众健康、安全、福利和文明所需要的职业精神原则以及职业标准，并始终坚持职业精神和能力的标准应是符合公众利益并维护其职业信誉的立场。

二、政策条款

政策一：建筑实践

定义：

建筑实践包括提供城镇规划以及单栋或群体建筑的设计、建造、扩建、保护、重建或改建等方面的服务。这些专业性的服务包括（但不限于）城市规划，土地使用规划，城市设计，前期研究、设计、模型、图纸、说明书及技术文件，对其他专业（咨询顾问工程师、城市规划师、景观建筑师和其他专业咨询顾问师等）编制的技术文件作必要的恰当协调以及提供建筑经济、合同管理、施工监督与项目管理等服务。

背景：

建筑师自古以来就是从事艺术和科学相结合的实践活动。我们今天认识到的建筑行业经历了巨大的发展和变化。对建筑师作品的形象要求变得更为苛刻，业主要求和技术进步变得更为复杂，社会和生态的使命变得更为迫切。这些变化产生了服务内容的变革以及在设计和施工过程中必须与更多方面合作。

政策：

在制定国际建协国际标准时采用以上“建筑实践”的定义。

政策二：建筑师

定义：

“建筑师”是指依照法律或习惯专门给予一名职业上和学历上合格并在其从事建筑实践的辖区内取得了注册/执照/证书的人，在这个辖区内，该建筑师从事职业实践，以空间形式及历史文脉的手段，负责任地倡导人居社会的公平和可持续发展以及实现福利和文化表现。

背景：

建筑师属于国营和私营部门物业开发、建筑和施工、经济领域中的一部分，他们从事保护、设计、建造、装修、理财、管理和调节建造环境以满足社会需要的工作。建筑师在多种状况和组织形式下工作。比如：可以自营或受雇于私营或国营部门。

政策：

在制定 UIA 国际标准时采用以上“建筑师”的定义。

政策三：对一名建筑师的基本要求

定义：

按以上定义的建筑师，其取得注册/执照/证书的基本要求是必须掌握下列各种需要通过教育和培训而取得的能够被证明的知识、技能、能力和经验，有从事建筑实践的职业资格。

背景：

1985 年 8 月，有一批国家首次共同拟定了一名建筑师所应具有的基本知识和技能，包括：

（1）能够创作可满足美学和技术要求的建筑设计。

（2）有足够的关于建筑学历史和理论以及相关艺术、技术和人文科学方面的知识。

（3）与建筑设计质量有关的美学知识。

（4）有足够的城市设计与规划的知识和有关规划过程的技能。

（5）理解人与建筑、建筑与环境以及建筑之间和建筑空间与人的需求尺度的关系。

（6）对现实可持续发展环境的手段具有足够的知识。

（7）理解建筑师职业和建筑师的社会作用，特别是在编制任务书时能考虑社会因素的作用。

（8）理解调查方法和为一项设计项目编制任务书的方法。

（9）理解结构设计、构造和与建筑物设计相关的工程问题。

（10）对建筑的物理问题和技术以及建筑功能有足够的知识，可以为人们提供舒适的室内条件；有必要的设计能力，可以在造价因素和建筑规程的约束下满足建筑用户的要求；必须要有在造价和建筑法规的约束下满足使用者要求的设计能力。

（11）有足够的在项目资金、项目管理及成本控制方面的知识。

政策：

国际建协在制定国际标准时，将上述的基本要求作为基础，并寻求保证这些专门的要求在教育课程中得到强化，国际建协还寻求保证这些基本要求得到经常的审查，使其在建筑师职业和社会的演变中能始终保持适应性。

政策四：教育

定义：

建筑教育应保证所有毕业生有能力进行建筑设计，包括其技术系统的要求，考虑健康、安全和生态平衡，理解建筑学的文化、历史、社会、经济和环境文脉，理解建筑师的社会作用和责任，并具有分析和创造的思维能力。

背景：

在多数国家，建筑教育通常由一所大学以 4～6 年全日制的专业教育提供（在有的国家，成功地完成学业后，还要有一段实践经验/培训/实习），但由于历史原因，各国和地区也存在一些差别，如：非全日制及工作经历差异等。

政策：

按照国际建协/联合国教科文组织的《建筑教育宪章》，国际建协提倡建筑学的专业教育（不包括实践经验/培训/实习）应不少于 5 年，主要以全日制为基础，大学应通过评估，建筑学教育计划须通过评估，允许在教学思想和对地方文脉的反映上有差异，并考虑灵活对等的原则。

政策五：建筑教育的评估和认证

定义：

评估指的是确认某一教育计划符合已确立的成绩标准的过程，其目的是保证维持与改善适宜的教育基础。

背景：

由一个独立的机构确立评估的合格准则及程序，以发展完整协调的建筑教育计划。经验证明，通过定期的、外部的监督以及在一些国家中加上内在的质量保证检查可使教育标准取得协调与改进。

政策：

建筑学课程必须由本大学以外的一个独立机构在通常不超过 5 年期内进行评估与认证。国际建协联合有关高等教育机构，按照程序编制出一套知识连贯并面向实践建筑师的学历性职业教育标准。

政策六：实践经验/培训/实习

定义：

实践经验指的是在取得专业学位之后，为取得注册考试的资格所要求从事的指定性的、系统性的建筑实践活动，是指在建筑学教育过程中或者是在获得建筑学专业学位后，但在取得注册建筑师职业资格前的有指导性、组织性的建筑学实践活动。

背景：

为保护公众利益，申请取得注册/执照/证书者应当受到正规教育并通过实践培训对其学历教育进行补充和充实。

政策：

建筑学毕业生在取得注册/执照/证书之前，应完成 2 年的合格的经验/培训/实习（国际建协的今后目标是 3 年），才能作为建筑师执业，同时允许有对等的灵活性。

政策七：道德与行为

定义：

道德与行为规范界定和指导了建筑师在实践行为中的职业标准。建筑师应当遵守在其执业的辖区内的道德和行为规范。

背景：

道德和行为规范的主要目的是保护公众，关心弱势群体以及基本社会福利，保障建筑师的职业利益。

政策：

现有的国际建协关于咨询服务的国际道德规范继续有效。鼓励国际建协成员组织在各自的道德和行为规范中引入推荐标准的认同书，并在其提供职业服务的国家和辖区内遵守当地现行的道德和行为规范，只要该规范的规定不受国际法或建筑师本国法律的禁止。

政策八：实践范围

定义：

提供有关土地使用规划、城市设计和建筑项目设计与管理的服务。

背景：

随着社会的演变，城市与建造环境变得越来越复杂。建筑师要涉及越来越多的关于城市、美学、技术和法律方面的非常广阔的问题。现已证明，需要一种关于建筑设计的综合方法，以保证法律、技术和现实的要求得到解决，保证社会的需求得到满足。

政策：

国际建协鼓励并促进在道德规范和行为规范约束的前提下建筑服务范围的不断拓展，确保必要知识和技能的相应拓展，以应对服务范围的拓展。

政策九：建筑项目交付系统

定义：

建筑工程交付制度被定义为业主与建筑设计方、施工单位以及其他方之间的合同关系。

背景：

在传统的建筑工程交付制度中，建筑师充当甲方代理的角色，对设计、方案及建筑合同的执行负责。

在当今出现的一些建筑工程交付制度中，建筑师不再是甲方的代理。当建筑师在不同的建筑工程交付制度下提供服务时，他们的角色、责任以及种种约束应该能够被明确，这是很重要的。

政策：

建筑师应该在所有建筑项目交付系统中保持高水平的专业性和高水平的服务。

三、政策推荐导则的解析

国际建协职业实践委员会的政策推荐导则，是对应于国际建协职业实践委员会各项政策的，是对政策推广与执行的解释和指导性条文，涉及政策的做法、原则和标准等。

3.1 关于建筑教育评估和认证的政策推荐导则

政策

建筑学课程必须由本大学以外的一个独立机构在通常不超过 5 年期内进行评估与认

证。国际建协联合有关高等教育机构一起，按照程序编制出一套知识连贯并面向实践建筑师的学历性职业教育标准。

背景介绍

建筑学教学大纲的评估，不管是教育机构评估还是完全由相关机构评估，其目的主要是保证公众利益。教学大纲指导下的合格毕业生能满足建筑实践中对于设计、技术、职业技能和道德的要求。

评估政策的原则是：允许评估方式的灵活性；评估机构的独立性；不断追求教育和评估过程自身的高标准。评估要满足上述规定并符合教学大纲的要求，评估专家由校外聘任，他们应当有经验并受过训练，能胜任评估建筑学教育计划并能提出方向和建议。校外评估专家可以由管理建筑教育的政府机构聘任，也可以由独立的建筑职业团体聘任，还可以由被评估的建筑系提名，或其他合适的方式。评估专家的聘任可以根据公立和私立大学而不同。所指的独立机构可以是一个职业团体，如建筑师学会或其他非政府的建筑师组织或团体，它可以是全国性的，也可以是省一级的，还可以是校外专门的评估组织。评估过程中按要求寄送一套满足要求的评估资料，包括对建筑系近一年所有学生作业的检查。应承认公立和私立大学的差别。必须保持评估过程和最后结果的连续性。

评估过程分下列情形：初评、复评及因教学计划有变动的评估。每种情形下，评估专家在评估前先得到自评报告，到达现场后检查论文和材料、设计课教学计划、其他课程教学计划及课程作业实例。评估专家与学生和教师会面，他们还可能检查教师的教学方法、专业和研究成果。评估专家将向建筑院系提供关于评估结论的报告，推荐评估通过并提出教学大纲的改进建议，或针对评估提出强制性条件。

导则

（一）对建筑学课程和考试的评估标准

关于合格建筑师的核心知识和技能的要求，有关高等教育组织和《国际建协认同书》对建筑师的基本要求已作了规定。

建筑师通过教育、训练、经验和建筑学专业学习获得的技能可帮助建筑学专业的学生获得能力、知识、理解和相关技能。这些要求应在教学计划中体现。

国际建协主张建筑师的教育不应少于5年，主要以全日制为基础，大学和建筑学专业均需通过评估。允许在等效性上有弹性。在某些国家，建筑教育之后有一段实际工作和实习的时间。在这种教育和训练过程中，如果建筑系学生所具有的能力和水平比国际建协基本要求所列出的能力水平要好，教育评估将会对此进行考虑。

对建筑师的知识和能力的要求反映了社会需求的变化，国际建协会及时重新探讨《国际建协认同书》的建筑教育评估和认证推荐导则，使它与时俱进。

在不同国家和在不同时期，评估标准对于技能的侧重程度也会变化。在不同国家，由于传统和价值取向不同，建筑教育机构可能对各种评估标准有它们自己的侧重面，通常会受该国建筑师具体的工作任务的影响。在不同情况下，教育计划须与建筑师基本要求及其派生出来的要求相结合。评估标准包含对教育计划的检查，教育计划随学习阶段而变化，如期中、期末、实习前后等。

（二）评估方法

评估需由被评估单位以外的独立机构承担。评估机构必须训练有素，有经验且能够胜任。担任评估工作的个人应有建筑设计工作的实践经验、道德品质良好并训练有素。通常评估组成员由一个以上单位推荐。在任一情况下，建筑师职业团体的成员需参加评估，这将有助于以全面的建筑学眼光来评估。

当有教育机构参与评估程序时，被评估的教育机构不能参加自己的建筑学专业教育评估。

（三）建筑教育课程的评估程序

评估内容和细则由一个评估委员会制定，并根据该国文化和教育实践的变化而调整，评估还应根据被评估建筑系的实际情况进行。有的是在教育计划开设之前进行的，有的是首次参与评估的，有的是已成立一段时间并通过评估的，有的是参与过评估但未通过的，或者以前的评估已经撤销而重新评估的。

评估程序也不尽相同，有一次性完成的评估，也有分阶段进行的评估。一些国家的评估分为三个阶段：三年、五年课堂教育后评估以及实践结束后的评估。其他一些国家的评估过程包括一或两个阶段。

评估程序包含评估专家们对教育计划内容及该计划中是否达到标准的评估。检查教学计划、详细的课程设置和考卷，校外督察员的报告，该系的自我评估。评估期间，专家与系主任、教师和学生会面，检查学生作业和教学设施。

当一个建筑系对已有课程实施重大改变或准备设立新课程时，最好由一个独立机构作一次初步评审，对新课程的内容、结构、资源等进行评定，从而使该课程达到评估要求。建筑系应将准备新设的课程内容、原理和方法、教学计划等信息提供给评审专家，介绍的内容包括课程框架和详细内容、课程要求、讲课要点和每一部分的学时分配。

（四）评估材料和评估访问方式

无论是首次评估还是续评估，被评估的建筑系应准备的材料包括：

（1）简介其上级单位即所在学校的性质：全国性的、地区性的、城市性的。

（2）简述课程的历史。

（3）建筑教育的指导思想和培养目标。

（4）影响课程的学生基础背景特点。

（5）介绍学院全体成员，包括：从事非教学活动和从事研究、编写、实践工作和社会工作的人员。

（6）介绍硬件设施，包括：工作室、教室和设备、实验室、车间、图书馆设施、资源中心、计算机信息系统。

（7）简介管理和决策框架。

（8）全面介绍学院的计划，包括：教学计划框架和要求、对毕业生的要求、讲座计划、设计课程的详细介绍以及课堂笔记的复印件。

（9）注册学生的统计信息，毕业生数量、教师数量及师生比率。

（10）本系教育政策的自我评估，应考虑以前的评估报告及以后的发展。自评报告还应包含校外督察员的报告、资源的变化、主要课程目标的评估、课程特色以及其他相关事项。

评估组访问时在现场检查教学计划，被评估的建筑系有一个至少12个月内的学生作业展览，这对评估会很有帮助。该展览内容应包括每一年的设计课程作业，以便尽可能展现这个教育计划的发展过程。每一年所写的和所画的作业都应展出，使得学生的每一方面水平是否符合建筑师要求都可进行评估。展出的作业应包括各门课程的最高成绩、平均成绩以及及格成绩，这些作业应有各个课程各个年级的考试和考查成绩记录的补充。

当进行现场评估时，评估组可以与教师包括学院院长、系主任和校外督察员举行会面讨论。评估组还可与学生座谈，评估组一方可以是评估组全体成员或部分成员，讨论内容可包括教学方法的评议、设计题目的内容、课程及其专业课的教师、未来发展等。

（五）评估报告的程序

评估组应提交一份对建筑学专业评估的结论性报告。该报告对被评估建筑系的文字材料进行评估和补充，对被检查各课程及其学生的表现所体现的教学水平提出评估意见。程序被视为机要的步骤，并供各相关部门存阅，这一过程可以保证该报告符合事实情况。评估报告通常在评估后的5年内有效。

3.2 关于实践经验/培训/实习的政策推荐导则

政策

建筑学毕业生在取得注册/执照/证书之前，应完成2年的合格的经验/培训/实习（国际建协的今后目标是3年），才能作为建筑师执业，同时允许有对等的灵活性。

导则

（一）实践经验/培训/实习的期限

按以下要求在政策规定的期限内取得的经验应当在注册/执照/证书的考试之前完成。至少有一半是在完成通过评估的正式教育之后取得的[❶]。

（二）实践经验/培训/实习的目标

建筑实践经验/培训/实习（以下简称实习）期间的目标是：

（1）向实习人提供机会取得建筑实践中基本的知识和技能；

（2）保证实习人的实践活动和经验用一种标准的方式予以记录；

（3）帮助实习人取得建筑实践中广泛的经验。

（三）经验类型

实习人应在一名建筑师的指导下，在以下四个类型的每一项中至少一半的经验范围中

❶ 一些国家在5年的建筑学教育中期，即基础课完成之后，允许学生参与社会职业实践，而后再返校继续上课。本导则规定了在完成全部教育之后仍应有必要的保证时限的专业实践。

取得实践经验和培训。

1. 项目和业务管理

(1) 与业主会晤;

(2) 与业主讨论设计任务书及方案设计;

(3) 用表格形式分析业主需求;

(4) 合同前的项目管理;

(5) 确定合同条件;

(6) 起草信件;

(7) 与顾问公司和项目审计系统配合;

(8) 业主偏好分析。

2. 设计与设计文件的编制

(1) 场地调查和评估;

(2) 与有关部门会晤;

(3) 对相关规定的评价;

(4) 方案设计及初步设计;

(5) 根据法规的要求检查设计;

(6) 制定概预算、成本计划和可行性研究。

3. 施工图文件

(1) 制作施工图和施工说明书;

(2) 根据进度表及成本计划监督设计进度;

(3) 根据法规的要求检查设计;

(4) 协调分包商的设计文件;

(5) 协调合同图纸及说明书。

4. 合同管理

(1) 现场会议;

(2) 施工检查;

(3) 向承包人发出指示、通知和证明;

(4) 向业主呈报;

(5) 变更和付款管理。

(四) 培训记录

实习人应保持培训的书面记录,以标准格式或记录本记载在实习期间接受的培训、经验和补充教育。

本记录应按上述第二款中提出的实习目标前后顺序排列。记录中应包括所经历的活动的性质和活动时间,其中每项均应由指导的建筑师签字,作为实习人取得经验的真实记录。

这一标准格式或记录本应在注册/执照管理部门提交审查,作为已经进行或已经完成所要求的实践经验/培训/实习的证据。

（五）监督人

实习人应在监督下取得经验。监督人应是本国或本地区的注册或持有执照的建筑师，可以是实习人的雇主或是给实习人作定期实习报告的建筑师。

（六）核心能力要求

在实践经验/培训/实习期终了时，实习人应当显示或能够显示具有以下知识和能力。

1. 建筑实践

(1) 对国内外建筑职业总的了解；

(2) 对道德标准知识的了解和重视；

(3) 对当地建筑业的认识；

(4) 对当地建筑业和建筑法的认识；

(5) 指导和协调顾问；

(6) 办公管理和系统；

(7) 法律方面的实践；

(8) 职业责任、风险管理和保险。

2. 项目管理

(1) 确定和建立与业主的协议；

(2) 项目活动和任务的进度表；

(3) 评价法规、规范和立法；

(4) 项目资金和成本控制；

(5) 项目取得和合同制度；

(6) 纠纷的解决；

(7) 分包合同的管理；

(8) 项目管理和监督系统。

3. 设计前期工作与场地分析

(1) 确定、分析和记录与项目有关的环境问题；

(2) 制定和清晰定义设计任务书；

(3) 确定、分析和记录场地条件。

4. 建筑服务及其系统

在项目设计和文件编制中，协调建筑服务及其系统的设计和文件编制。

5. 方案设计

(1) 分析业主的任务书，通过假设、评价和再评价的过程，产生可用的设计方案；

(2) 用图来表现可选择的设计方案；

(3) 介绍方案设计构思并争取业主和相关团体的认可。

6. 深化设计和编制设计文件

(1) 对一个特定项目及周边进行调查并建立一个特定的空间和交通需求；

（2）考虑和决定结构和建筑服务系统、材料和构件的处置；

（3）设计方案和相关文件获得业主和相关利益团体的批准；

（4）分析可能的影响。

7. 施工文件

（1）为建设项目研究、分析和选择适宜的材料和设备；

（2）编制精确、一致和完整的施工图纸、施工说明书、进度表，描述建筑构件、部件、装修、配件和设备的大小和位置。

8. 合同管理

（1）编制招投标文件；

（2）评标并提出推荐意见；

（3）确认项目合同；

（4）管理项目合同；

（5）监督合同条件和遵守有关部门的要求；

（6）检查和评价建筑工程以确保其遵守了施工图文件的要求。

3.3 关于道德与行为的政策推荐导则

政策

现有的国际建协关于咨询服务的国际道德规范继续有效。鼓励国际建协成员组织在各自的道德和行为规范中引入推荐标准的认同书并在其提供职业服务的国家和辖区内遵守当地现行的道德和行为规范，只要该规范的规定不受国际法或建筑师本国法律的禁止。

背景介绍

在1998年12月于华盛顿召开的委员会会议上，有会员国代表一致赞同把起草于巴塞罗那会议的本政策条款提交1999年国际建协北京代表大会，并采纳作为认同书关于道德和行为的导则，随后由各成员组织在其各自的规范中执行。起草小组根据认同书中阐明的原则与政策以及世界各国成员组织的道德与行为规范，向理事会和代表处推荐如下：

建筑师职业的成员应当恪守职业精神、品质和能力的标准，向社会贡献自己为改善建筑环境以及社会福利与文化所不可缺少的专门和独特的知识和技能。以下原则是建筑师在完成其咨询服务任务时的行为原则。它们适用于所有的职业活动，不论在何处出现。它们涉及对本职业所服务和造福的公众的责任，对业主、建筑用户有助其形成建造环境的建筑专业的责任，对建筑艺术和科学的责任，这种知识和创造的延续将构成本职业的遗产。

导则

原则一　总的义务

建筑师通过教育、培训和经验取得系统的知识、才能和理论。建筑教育、培训和考试的过程向公众保证了当一名建筑师被（聘用于）指定完成职业服务时，该建筑师已符合胜任该项服务的合格标准。建筑师有总的义务，要具有并提高其建筑艺术和科学的知识，尊重建筑学的集体成就，并在对建筑艺术和科学的追求中把以学术为基础和不妥协的职业判断置于其他各种动机之前。

道德标准1：建筑师要不断地努力提高其职业知识和技能，并在涉及其实践的领域内维持其职业能力。

道德标准2：建筑师要不断寻求提高美学、建筑教育、研究、培训和实践的标准。

道德标准3：建筑师要尽可能地推进相关行业，并为建筑业的知识和能力作出贡献。

道德标准4：建筑师要保证其实践有恰当和有效的内部程序，包括控制和审查程序，并有足够的、合格的、处于监督之下的工作班子，使他们能有效地进行运作。

道德标准5：当某项工作由一名雇员或任何其他人代表建筑师在其直接控制下完成时，建筑师有责任保证此人有能力完成该任务，并在需要时处于充分的监督之下。

原则二　对公众的义务

建筑师有责任从精神到条文遵守管辖其职业事务的法律，并周全地考虑到其职业活动所产生的社会和环境影响。

道德标准1：建筑师要尊重和保护他们所执行任务的社区的自然和文化遗产，同时又要努力改善其环境和生活质量，注意到其工作对将要使用或享有其产品的所有人的物质和文化权益。

道德标准2：建筑师在其职业服务中不宜以虚假、误导或欺骗的方式进行沟通或自我推销。

道德标准3：建筑师实践中的经营风格不宜产生误导，例如造成其他实践或服务的混乱。

道德标准4：建筑师在其职业活动中要遵守有关的法律。

道德标准5：建筑师要遵守他所提供执业服务的国家及辖区现行的道德与行为规范，只要这些规范没有受到国际条约、协定和法律以及建筑师本国法律的禁止。

道德标准6：建筑师要作为公民和职业人士适当地参与公共活动，并促进公众对建筑问题的了解。

原则三　对业主的义务

建筑师应忠诚地、自觉地对业主承担义务，以职业方式执业。在所有的职业服务中，合理地考虑到有关的技术和职业标准，作出无成见和偏见的判断。在建筑学的艺术和科学追求中，学术性和职业性的判断应当比其他任何动机处于优先地位。

道德标准1：建筑师在拥有全面的知识和能力以及有充足的财务和技术资源保证时，方可承担职业工作，完成对业主的义务。

道德标准2：建筑师要以应有的技能和勤劳来完成其职业任务。

道德标准3：建筑师要不拖延地，在其力所能及的限度内，在合理的时间内完成其任务。

道德标准4：建筑师要及时告知业主有关他代表业主所承担的工作的进展以及影响质量和成本的各项问题。

道德标准5：建筑师要对自己向业主作出的个人意见承担责任。建筑师和他们所聘用的咨询师只承接他们经过教育、培训和经验，在专门领域中合格的职业服务工作。

道德标准 6：建筑师在业主方以书面方式清楚地写明委托条件之前不宜承担职业工作，书面委托的主要内容包括：工作范围、责任分工、责任限制、收费数量及方式、终止条件。

道德标准 7：建筑师的酬劳、设计费用，应在聘用合同中详细写明。

道德标准 8：建筑师不应该有任何获取好处的动机。

道德标准 9：建筑师应注意其业主事务的保密性，在没有取得业主或其他法律权威（例如法庭的事先同意下）认可的前提下，不宜透露保密的信息。

道德标准 10：建筑师要向业主或承包商告示所有他所了解的可以被解释为产生利益冲突的重要情况，并保证这种冲突不会损害这些方面的合法利益或构成对建筑师公正判断的干预。

原则四　对职业的义务

建筑师有义务维护本职业的品质与尊严，在所有情况下都以尊重他人的合法权益的方式行动。

道德标准 1：建筑师要诚实和公正地从事其职业活动。

道德标准 2：建筑师不宜将一位不适宜的人吸收为合伙人或经理，例如已从注册名单中除名者（自己要求退出者除外）或已被公认的建筑师组织除名者。

道德标准 3：建筑师要努力通过其行动促进其职业的尊严和品质，并保证其代表和雇员都能符合此标准，以免由其行动或行为使其所服务者或共同工作者的信任受到颠覆，或使与建筑师有关的公众受曲解、欺骗和伪造的损害。

道德标准 4：建筑师应该尽力地、努力地为建筑学知识、文化和教育作贡献。

原则五　对同行的义务

建筑师要尊重其同行的权利，并承认其同行的职业期望、贡献和工作成果。

道德标准 1：建筑师不宜有种族、宗教、健康、婚姻和性别上的歧视。

道德标准 2：建筑师在取得原来建筑师的明确授权之前，不宜采用其设计概念。

道德标准 3：建筑师在作为独立咨询师提供服务时，或未被要求报价之前，不宜提出报价。必须准备有足够的有关工程范围的自然环境信息才能报价，其中要明确指出费用涵盖的服务内容。

道德标准 4：建筑师在作为独立咨询师提供服务时，不宜因考虑其他建筑师对同一服务的报价而修改自己的报价。

道德标准 5：建筑师不宜以不公正的手段试图挖取另一建筑师已取得的委托。

道德标准 6：建筑师不宜参加国际建协或其成员组织宣布为不能接受的建筑竞赛。

道德标准 7：建筑师不宜担任竞赛评定人，而又以另一身份承接该工作。

道德标准 8：建筑师不宜恶意地或不公正地批评或试图诽谤另一建筑师的工作。

道德标准 9：建筑师在被接触承担一个项目或其他职业任务，他/她已知道或经过合理询问后可确定另一建筑师已由同一业主处取得同一项目或职业工作的委托时，应当把事实告知该建筑师。

道德标准 10：建筑师被指定要对另一建筑师的工作发表意见时，应将此事告知该建筑师，除非有证据，否则这样做会认为是种偏见，会引发将来或现在的诉讼。

道德标准 11：建筑师要给其助手和雇员提供适宜的工作环境，给予公正的报酬，并便利其职业发展。

道德标准 12：建筑师要保证其个人和职业的财务得到慎重的管理。

道德标准 13：建筑师要把自己的职业荣誉放在其自身服务和成就的基础上，对他人完成的职业工作的成就要给予承认。

3.4 关于实践范围的政策推荐导则

政策

国际建协鼓励并促进在道德规范和行为规范约束的前提下建筑服务范围的不断拓展，确保必要知识和技能的相应拓展，以应对服务范围的拓展。

背景介绍

在大部分国家，建筑师按照多年演变的核心服务范围提供建筑服务，但各国关于核心服务范围的文件差异很大——有的非常详尽，涵盖了从项目启动到项目提交业主的工作流程的方方面面，还包括建筑师可提供的其他服务。有的国家还设立了管理机构或相应的行业机构，详细地规定了核心服务范围和其他服务。有的国家既无管理机构，也无行业组织。国际建协希望在核心服务范围中，对建筑师的责任和在本国开发的其他服务的能力进行界定。国际建协也认识到有必要让公众和政府行政人员更加了解本国建筑师的服务范围。另外，国际建协认为这种服务范围的界定应考虑到地方环境、社会、文化因素和各国普遍的道德和法律标准。政策和相关的政策导则旨在界定这种服务范围及其拓展和建筑师可从事的其他服务，也希望通过使建筑师获取相应必要的知识和技能、提高其素质来促进一些国家缺乏的对该行业的热情。国际建协职业实践委员会政策承认，尽管因反映各国文化多样性的标准、工作和条件各异，有很多国家可能并没有设置行政手段或教育机构来推广或管理核心服务范围或建筑师应该精通的其他服务，但该政策是国际建协作出的第一步努力，试图就服务范围达成共识，使其成为符合广大建筑师利益，且建筑师应追求和提供的服务范围。国际建协认为要在国际建协成员单位的注册/授权机构之间形成双边和多边的互认协议，这需要花费大量时间进行谈判和付诸实施，且有必要为还未达成互认协议的国家和地区提供指南和规范。关于服务范围的政策推荐导则旨在界定建筑师有能力提供的核心服务。本政策也承认，很多其他建筑服务和学科知识需要这些国家经过一段时间才能推广和获取。

导则

（一）实践范围中的核心服务范围

建筑师一般提供如下 7 项建筑环境营造所必需的专业核心服务。

1. 项目管理

(1) 项目小组的成立和管理；

(2) 进度计划和控制；

(3) 项目成本控制；

(4) 业主审批处理；

(5) 政府审批程序；

(6) 咨询师和工程师协调；

(7) 使用后评价（POE）。

2. 调研和策划

(1) 场地分析；

(2) 目标和条件确定；

(3) 概念规划。

3. 施工成本控制

(1) 施工成本预算；

(2) 计划施工成本评估；

(3) 工程造价评估；

(4) 施工阶段成本控制。

4. 设计

(1) 要求和条件确认；

(2) 施工图文件设计和制作；

(3) 设计展示，供业主审批。

5. 采购

(1) 施工采购选择；

(2) 处理施工采购流程；

(3) 协助签署施工合同。

6. 合同管理

(1) 施工管理支持；

(2) 解释设计意图、审核质量控制；

(3) 现场施工观察、检查和报告；

(4) 变更通知单和现场通知单。

7. 维护和运行规划

(1) 物业管理支持；

(2) 建筑物维护支持；

(3) 使用后检查。

建筑师的服务不限于上述核心服务。国际建协承认，不同国家服务的类型不一——如城市规划、历史建筑修复、现有建筑翻新和建筑师基于其教育背景、培训和经验可从事的其他多项服务。

（二）项目流程

虽然项目参与人各式各样，但任何种类或规模的项目一般均按下述基本阶段进行操作。每个项目的情况迥异，这里所介绍的项目流程仅以单个项目为基准，明确流程要点：

1. 设计前期

建筑师协助业主确定项目要求和限制条件，编制项目设计任务书（建筑策划[1]文件）。

2. 概念设计阶段

基于设计任务书的项目要求和局限性，建筑师研究主要的法律、法规、建筑技术、项目进度和成本要素，然后进行项目概念设计。

3. 初步设计阶段

业主批准概念设计后，建筑师进行建筑的初步设计。

4. 施工图文件阶段

业主批准初步设计后，建筑师编制适合施工的技术文件。

5. 招标、谈判和合同签订阶段

按照制定的施工文件，建筑师编制选择承包商的合同文件。建筑师协助业主选择可承担项目的承包商，安排承包商和业主之间正式的签约仪式。

6. 施工阶段

为确保项目按合同文件规定保质保量完成，建筑师向承包商解释设计意图，监督承包商现场施工，明确设计意图，发布指令，并授权给承包商付费。

7. 交付阶段

随着项目的竣工，建筑师最后检查项目的执行，保证其符合合同文件规定，检查并确认符合一切法规审批内容。建筑师安排正式的交付工作，承包商将项目交付给业主。

8. 施工后阶段

在施工后阶段，建筑师提供专业服务，确保承包商履行了缺陷修复义务。

9. 其他服务

下列其他服务并不一定不属于核心服务。有的国家考虑到建筑师能合格地为业主和公众提供这些服务，将如下部分服务也视为核心服务。

（1）可行性研究；

（2）设计任务书（建筑策划）；

（3）建筑调研/检测；

（4）谈判（如土地利用/分区规划调整）；

（5）延期和延长服务；

（6）为销售和广告宣传册作的特别介绍；

（7）生命周期规划；

（8）土地利用/城镇规划；

---

[1] 原文为 project brief，brief 在英国被译为“建筑策划”，而美国通常使用 architectural programing。

(9) 城市设计；
(10) 物业管理；
(11) 景观设计；
(12) 室内设计；
(13) 平面和标志设计；
(14) 声学设计；
(15) 照明设计；
(16) 细部设计（如幕墙处理）；
(17) 建筑物能源研究；
(18) 成本咨询服务；
(19) 建筑法规服务；
(20) 材料/设备服务；
(21) 环境研究；
(22) 施工管理服务；
(23) 艺术工程支持；
(24) 项目管理服务；
(25) 无障碍设计；
(26) 争端解决（调解、仲裁、专家见证）；
(27) 历史文物修复；
(28) 现存建筑物翻新；
(29) 使用后评价。

3.5 关于建筑项目交付系统的政策推荐导则

政策

建筑师应该在所有建筑项目交付系统中保持高水平的专业性和高水平的服务。

导则

(一) 定义

本导则中相关术语定义如下：

建筑项目交付系统：建筑所有者与建筑设计、文件编制和施工过程中涉及的其他方之间的合同关系。

项目业主：委托进行建筑设计和施工的一方。

建筑师业主：委托建筑师的委托方。

约务更替：合同一方的权利和义务转让给第三方的安排。

专业顾问：受建筑所有者指定，承担多方或联合建筑交付系统的一方。在建筑项目中，一般为在建筑和项目采购系统方面有专业技能的建筑师。

(二) 导言

一直到今天，建筑师的教育和培训都是以建筑师、项目业主和建筑施工单位以及总价合同的传统关系为导向的，即项目业主直接委托建筑师并向其作简要项目介绍，建筑师编制合同文件，建筑施工单位按合同文件报价和施工。在施工期间，建筑师为项目业主的代理人和质量验证人等。但是，这种传统方法的正误一直受到质疑。当采用非传统方法时，建筑师的作用可能就会发生改变。

非传统建筑项目交付系统已有了一定的发展历史，在有些情况下优于传统方法，建筑师很可能碰到如下情况：

（1）业主要求或建筑师认为有必要采用非传统方法，以满足项目的特别要求；

（2）建筑师在非传统方法（即建筑师、项目业主和建筑施工单位之间的关系不同）框架内受委托。

为保证实现有效的专业作用，建筑师必须：

（1）如果为第一种情况，应能清楚告知业主每种方法的利弊；

（2）如果为第二种情况，应对交付方法的组织结构有全面理解，清楚界定职责，对沟通渠道也有全面理解；

（3）在所有情况下，建筑师都应对非传统方法相关的风险进行评估，包括实践的商业状况和建筑师作为在建筑设计方面拥有专业知识的专业顾问的作用。

（三）非传统方法

大部分方法都可为如下几大类中的一种：

（1）传统建筑合同的变体；

（2）施工管理；

（3）设计和施工；

（4）多方合同。

1. 传统建筑合同的变体

1）议价合同

一种传统的关系，项目业主委托建筑师，已完成大部分或全部合同文件制作，与一个或多个经筛选的建筑施工单位已进行了投标谈判，协定满意价格后项目业主与建筑施工单位之间签订合同，建筑师开始执行该合同。

2）成本加利润合同

传统项目业主与建筑师之间的关系不变，合同文本已大部分或全部完成，与一个或多个精选建筑施工单位已谈定涵盖一般管理费和利润的合同。建筑施工单位利用自己的和分包的工人开始施工。签订了修订的合同，建筑师开始执行该合同。投标的分包商通常由建筑施工单位管理，但由项目业主或建筑师检查和审批。

3）两阶段招标法

传统项目业主与建筑师之间的关系不变。第一个阶段的招标采用初步计划和一般技术规格，建筑施工单位的选择基于一般管理费和利润率、提供的资源、场地和管理设施。文件与作为设计团队成员的建筑施工单位和主分包商一起制作。价格从分包商提出的初步分包价格逐步提高。设计在整个过程中都是根据项目业主的预算和其他要求进行定制的。建筑施工单位的设计意见可能非常有用，可对其建筑能力进行分析，为设计各方面的成本效益评估提供依据。

2. 施工管理

施工经理具备建筑和管理的专业能力，受项目业主委托管理建筑的施工。材料和劳动力的提供通过供应商和承包商与项目业主之间的一系列单独合同来完成。施工管理组织为项目业主的代理人，管理这些单独的合同，规划和监督施工，管理施工期间设计顾问（包括建筑师）提供的服务。

施工经理可在所有设计和文件制作完成后聘用，更常见的是在设计或文件制作过程中聘用，以评估建筑能力和协助确保设计能按业主预算和其他要求定制完成。因工程开始前没必要进行完整招标，可提前开始现场工作，如完成文件制作、招标和执行早期交易合同，即使后期交易文件还在制作之中。

施工经理按服务获得报酬，对项目收入没有既得权益，可作为咨询人士为项目业主提供独立建议。施工经理不受项目预算限制，项目业主和单独的承包商承担所有风险。

建筑师的作用和与项目业主及施工经理的管理与传统合同中建筑师、项目业主、建筑施工单位之间的关系非常相同。但更为普遍的是施工经理在施工时接替建筑师完成一些工作，如认证。建筑师和其他设计顾问将合约条款更替给施工经理变得越来越普遍了。当大项目有必要早开始现场施工时，或当项目部分或全部场地被占用（例如：购物中心施工场地）时，施工管理对非常大的项目而言非常有好处。

3. 设计和施工

在设计和施工安排中，项目业主与一个一般提供设计和建筑服务的设计企业组织签订建筑物或项目设计和施工合同。建筑施工单位与项目业主按照项目概要所要求的以及以前的类似性质项目的经验，双方进行的风险评估和建筑利润等来商定“保证价格”。建筑施工单位的项目重点、最低成本、最少时间和最高利润通常与项目业主的项目重点是有冲突的。

设计团队仍是一般意义上的设计团队，但建筑施工单位充当建筑师的有效委托人，按已知的最高成本解释项目业主的要求。建筑施工单位会调整设计和施工，以保证其在“保证价格”范围内。大多情况下，建筑师的委托人为建筑施工单位，建筑师的职责是将委托人（建筑施工单位）的利益放在项目业主之前。建筑交付系统缺乏建筑师对工程的独立评估或监控，建筑师往往无法直接与项目业主打交道。除非是非常简单或重复性建筑，项目业主对设计和施工项目交付都没有很大把握能得到完全符合其需求或期望的最终产品，往往会不合理地降低建筑师和其他设计顾问的服务费，但很少或根本不降低其责任。

4. 多方合同

这种采购方法有时被称为集成式供应链管理团队、联盟、项目合伙团队或综合项目流程采购方，需要组建由项目业主、咨询公司、承包商和主要分包商代表构成的项目小组。项目小组为一个“虚体公司”，致力于协定项目目标的实现。项目业主指定一名项目顾问协助编制项目设计任务书、预算和策划。一个筛选工作组受指定与项目业主和项目顾问一起按质量而非价格挑选和签订项目小组成员。之后这种综合团队签订多方合作合同。

多方合同界定了项目小组成员的作用和职责，建立了确保价值管理和价值工程、风险管理、收益公平分享、关键性能指标不断提高的机制。这种合同中最富特点的是其问题解决和争端解决条款，要求小组成员必须以合作而非对立的态度解决项目中出现的任何问题。

（四）非传统方法成功的关键要素

本导则认为，不同的建筑项目交付系统可适用于很多项目，但具体系统的一些细节方面对项目的成功至关重要。考虑采用这些非传统方法时，项目业主应了解这些关键方面。

1. 独立评估

项目业主的利益相对于合同其他方的既得利益能得到多大程度上的保障，取决于独立评估的机制，由多个方面决定，包括：

付款方式——专业服务费与建筑施工单位的营利性是分开还是受其影响？

设计独立性——设计团队、管理组织和建筑施工单位之间是否有界限清晰的层级关系？

施工中——设计团队在建筑施工过程中是否有一定程度的独立决定权？

沟通——沟通渠道畅通吗？建筑师有直接与项目业主沟通的权利吗？

赔偿责任——职责与赔偿责任是否明确界定？

2. 提供管理服务的经验和专业能力

提供施工管理服务的组织必须有良好的工作历史、恰当的背景和培训、经验适当的资源和可证明的能实现项目业主要求与项目预算平衡的能力。

管理层不得干预设计过程，但可给予积极支持。业主不应被隔离到设计团队工作之外，而是应该为其提供一定程度的建议，让其放心。项目业主不得担任其他团队成员更合适担任的角色（如协调），而是应该仅起到辅助作用。最后一点，在合适的项目中，一个好的施工经理应该是项目小组成员，而非领导。

3. 建筑施工单位在设计团队中的作用

建筑施工单位参与设计和文件制作过程的主要好处之一是能为项目提供持续性评估，对设计或施工问题尽早发出预警。经验丰富的建筑施工单位参与设计团队工作，对设计流程有较好的理解，并可提出意见，会让项目业主对设计结果更有信心。

4. 提前施工的风险

提前施工以减少总体施工时间的最大风险是会导致设计时间不符合现实地缩短、仓促完成设计或作出文件制作决定、完整设计含义被理解前设计团队的工作缺乏全面的协调。这样可能会不得不对早期工程进行返工或对后期设计造成不合宜的限制——仓促施工，悔恨无穷。这些风险不同程度上都在任何快速交付的项目中发现，可通过严密的设计团队协作和监控来避免。

5. 时间和成本控制的有效性

这是非传统方法的最大优点，允许在行进中对与时间和成本相关的设计和文件进行全面的分析。严密监控设计和施工项目的人力资源可及时推动包括业主在内的各方决策，以决策考虑时间和成本要素，并且鼓励各方努力按计划完成工作。

同样的控制手段可运用于需要管理的招标项目。

6. 文件制作范围

非传统方法的文件制备性质可能与传统合同制作大不相同，其文件制作的最后范围可能更广一些，尤其是一揽子项目中。其他情况下，施工图可在方案设计的基础上进行，分段式的文件编制工作通常更难实现协作。很重要的一点是文件编制的范围和性质必须清晰，应明确界定协作的方法和责任。

（五）结论

建筑师应能以有效、专业的方式在各种业主、建筑师、管理层、建筑施工单位关系中开展工作，非传统的项目设计和交付方法已出现在建筑和建设行业中了。但我们应该清楚，有些项目和建筑交付条款限制了建筑师运用其专业知识和技能的能力。在这种合同安排情况下，建筑师无法以独立代理人和顾问的身份保护项目业主和建筑物所有者的利益。有些建筑交付系统也难以让建筑师履行其对消费者和大众的职业和道德义务。

因此，为了公共利益，这些限制条件应得到享用这种服务的建筑师、其所服务的社区、规范建筑服务市场的政府的认识和理解。

（六）附件

附件 1　提供咨询时建筑师可用的检查单

（1）其他什么方法（如有）会更有利于项目业主的利益？

（2）项目业主会对成本增加进行处罚吗？

（3）是否会存在任何质量降低的情况？

（4）设计和施工阶段项目业主会得到公正的专家意见吗？

（5）谁负责担保付款、质量、时间和竣工？

（6）项目业主会被要求签订多方合同吗？

（7）谁对缺陷负责？

（8）谁对无法按计划实施负责？

（9）项目业主会得到竞标的益处吗？

（10）项目业主的决策过程是否受到限制？

（11）谁负责授权计划变更和时间延长？

附件 2　考虑参与非传统方法时建筑师可用的检查单

（1）谁会是业主？

（2）与用户之间的关系会如何？

（3）与其他咨询方的关系会如何？

（4）谁会成为主要咨询方？

（5）法律责任的范围是多大？

(6) 职业损失补偿保险够支付法律责任范围的要求吗？

(7) 建筑师能公正地运用其专业知识和技能，履行其对社会的职业和道德义务吗？

(8) 谁负责编制和控制预算？

(9) 聘用条款内容是什么？

(10) 设计团队成员的合约会更替给另一方吗？如果是，影响其利益和责任吗？

(11) 设计费为多少？

(12) 会有总包合同、建筑施工单位和分包商吗？

(13) 谁负责担保建筑工程付款？

(14) 谁负责检查建筑工程是否与设计相符？

(15) 谁负责检查认证工作？

(16) 同意和执行设计变更的程序是什么？

(17) 争端将如何解决？

(18) 建筑师的合同责任会有任何限制吗？

(19) 担保人能保持公正吗？

(20) 谁负责指挥执行建筑工作的人员？

(21) 有特别项目要求吗？

(22) 项目要求现实性强吗？

(23) 谁授权延期？

(24) 工程将采用何种形式的合同？

附件 3　各方的职责

建筑交付方式	前期咨询	方案设计	项目评估及报价	初步设计	文件	施工管理	质检	支付证明
传统方式	项目业主、建筑师	建筑师、分包咨询师	建筑师、分包咨询师、质检员	建筑师、分包咨询师	建筑师、分包咨询师、质检员	施工单位	施工单位、建筑师、分包咨询师	建筑师、质检员
两阶段招标法	项目业主、建筑师	建筑师、分包咨询师	建筑师、分包咨询师、质检员	建筑师、分包咨询师、施工单位、代理合同参与方、质检员	建筑师、分包咨询师、质检员	施工单位	施工单位、建筑师、分包咨询师	建筑师、质检员
施工管理	项目业主、建筑师	建筑师、分包咨询师	建筑师、分包咨询师、质检员	建筑师、分包咨询师、施工单位、代理合同参与方、质检员	建筑师、分包咨询师、施工代理（施工员）	施工管理	施工管理、建筑师、分包咨询师	施工管理、质检员
设计与施工	项目经理（项目业主）	项目经理（建筑师、分包咨询师）	项目经理	项目经理（建筑师、分包咨询师）	项目经理（建筑师、分包咨询师）	项目经理	项目经理	项目经理

续表

建筑交付方式	前期咨询	方案设计	项目评估及报价	初步设计	文件	施工管理	质检	支付证明
多方合同	项目业主、项目顾问	由建筑师领衔的项目组	由质检员领衔的项目组	由建筑师领衔的项目组	由建筑师领衔的项目组	由施工单位领衔的项目组	由建筑师领衔的项目组	由建筑师领衔的项目组
项目管理	项目业主和项目经理	建筑师	项目经理	建筑师	建筑师	施工单位	施工单位、建筑师、分包咨询师	项目经理

注：括号表示该工作由括号外的人承担，其控制括号内的人的工作。

附件 4　扩展阅读

1. *Which Contract?*

Choosing the Appropriate Building Contract-Cox and Clamp

Published by RIBA Enterprises Ltd ISBN 1 85946 042 9

1-3 Dufferin Street，London EC1Y 8NA United Kingdom

2. *Handbook on Project Delivery*

Published by American Institute of Architects-California Council

1303 J Street，Suite 200，Sacramento，CA 95814 U. S. A.

3. *A Guide to Intergrated Project Procurement*

Published by RAIA Practice Services

41 Exhibition Street，Melbourne，Victoria 3000，Australia

4. *Guide to Project Team Partnering*

Published by the Construction Industry Council，ISBN 1898671 2 4，

United Kingdom，Tel. 00 44 20 7637 86 92